Armand BOURGEOIS

Le vin
de Champagne

Sous LOUIS XIV

et sous LOUIS XV

d'après

des Lettres et Documents inédits

35103

Préface d'ARMAND SILVESTRE

Illustrations
de
Mlle LÉONIDE BOURGES

BIBLIOTHÈQUE D'ART DE « LA CRITIQUE »
50, Boulevard Latour-Maubourg, PARIS
1897

LE VIN DE CHAMPAGNE

Sous Louis XIV et sous Louis XV

Armand BOURGEOIS

Le Vin de Champagne

SOUS LOUIS XIV ET SOUS LOUIS XV

d'après des Lettres et Documents inédits

Préface d'ARMAND SILVESTRE

Illustrations de

Mlle LÉONIDE BOURGES

PARIS

BIBLIOTHÈQUE D'ART DE « LA CRITIQUE »

50, Boulevard Latour-Maubourg, 50

1897

PRÉFACE

———•○•———

C'est un très grand honneur que m'a fait l'aimable érudit, dont vous allez lire une œuvre nouvelle, que de me
demander de le présenter au public. C'est également, de
sa part, une preuve exagérée de modestie ; car tous les
vrais lettrés vont d'instinct à ses livres et le sujet que traite
celui-ci ne saurait manquer d'intéresser le public. C'est
donc pour l'unique joie de lui témoigner mon estime et
mon amitié déjà ancienne, que je l'ai accepté.

Et puis comment résister au plaisir de parler moi-même

de cet admirable vin qui porte, dans sa mousse pétil-
lante, le secret de tant de gaîté soudaine et de tant d'esprit facile ! Il tient, à la fois, du Léthé et du Pactole,
puisqu'il nous apporte l'oubli de nos peines et roule, dans
son flot écumant, les paillettes d'or de la Fantaisie. C'est
le vin des amoureux et c'est aussi le vin des poètes. Il fut
également cher à Des Grieux et à Musset. C'est un peu de
l'âme française qui s'envole du verre qui le tient prison-
nier et volontiers la chanson y mouille son aile blanche

       Avant de s'envoler dans l'air

comme disent les jolis vers de Mürger.

   N'est-il pas d'ailleurs d'origine ecclésiastique et aristocratique à la fois, évoquant le souvenir exquis d'une société
qui valait bien la nôtre et tenait de plus près à ce qui ca-
ractérise notre race, la belle humeur et l'insouciance du
lendemain ! A côté du nom fameux justement de
dom Pérignon, qui mériterait mieux une statue que nombre d'hommes politiques, dont on encombre nos carrefours départementaux, M. Armand Bourgeois a très heu-
reusement rappelé celui de Jean Oudard, le bon moine,
qui fut aussi un des fervents apôtres du nectar nouveau et
en promena l'évangile à travers le monde élégant, laissant d'ailleurs dans l'ombre ceux de Colbert et Letellier
que Boileau — souvent léger comme le prouve sa façon
de parler de François Villon — célébra sans grand'raison, en faisant l'éloge du vin de Champagne.

   Ah ! ce m'est dur, à moi qui ai dû un peu de ma verve
ancienne aux coteaux Languedociens de Villaudric, notre
gloire vinicole à Toulouse, à moi dont le patriotisme latin est toujours en éveil, de chanter la gloire souveraine

d'un vin qui ressemble vraisemblablement fort peu au Falerne d'Horace et dont les Astis contemporains ne semblent qu'une méchante imitation. Mais si j'ai gardé l'orgueil des vignes maternelles qui poussent autour de la nouvelle Rome, je dois convenir que j'ai dû souvent demander au Champagne, un au-delà de la gaîté que comportent leurs grappes généreuses. Dans mes promenades à travers l'Europe, en Russie surtout, j'ai souvent retrouvé la patrie dans l'ambroisie d'Epernay, que me versaient les mains amies de nos nouveaux alliés. On peut dire qu'à l'Etranger, le Champagne c'est un peu de la France !

O noble Jean Oudard ! O précieux dom Pérignon ! Voici que votre invention admirable ne se contente plus d'être la joie de nos tables, mais que la médecine contemporaine lui découvre les plus admirables propriétés curatives ! On soigne au Champagne aujourd'hui ! Cela ne vous donne-t-il pas envie d'être malade ?

> Omne tulit punctum qui miscuit utile dulci

dit le plus épicurien et le plus sage des poëtes. Rien au monde, mieux que le Champagne aujourd'hui, n'aura réalisé ce programme tout ensemble philanthropique et joyeux.

Comme son prestige a survécu aux orages révolutionnaires ! Comme sa juste renommée a constamment plané au-dessus des caprices de la mode ! Sous Louis XIV et sous Louis XV, il fut l'honneur des tables seigneuriales et les belles marquises qui portaient une mouche au lys de leur visage, y trempèrent leurs belles lèvres légèrement fardées, dans la gaîté des soupers où l'Amour ne perdait pas ses droits. Nous le retrouvons aux agapes joyeuses du Directoire, savouré par les grandes dames nouvelles habillées à la Romaine et comme on continuait à manger bien à Paris pendant que Napoléon conquérait le monde, nous le voyons figurer au premier rang, dans les menus des gourmets impériaux. Souvenir mélancolique ! Nos conquérants, pendant les mauvais jours qui suivirent et où la France connut la honte de voir son territoire envahi, en prirent un goût qui les a suivis quand, pareils à un fleuve qui rentre dans son lit, ils regagnèrent leur triste pays, avec le regret du nôtre au cœur. Car, ainsi que le dit un vers éloquent :

Tout homme a deux pays : sa Patrie et la France.

Le nouvel Empire le fit couler à flots dans les fêtes de Fontainebleau et de Compiègne. La République actuelle, si elle ne procède pas d'Athènes, autant que nous l'aurions souhaité et autant qu'on nous l'avait promis, demeure du moins fidèle aux coteaux divins d'Epernay, et si tout n'y est pas mort encore de ce qui fut l'antique fierté française, c'est-à-dire notre meilleure gloire, c'est à cette piété pour un des orgueils de son territoire que nous le devons. Si Rivarol a encore quelque interprète dans le monde de boursiers et de politiciens où nous sommes condamnés à vivre, en dépit de l'invasion luthérienne qui attriste notre esprit, sous prétexte de rendre nos mœurs plus austères, nous le devons encore à ce vin généreux ou, du moins, à ce que les étrangers consentent à nous en laisser.

Quand Anacréon, couronné de roses, dans les beaux jardins où les lauriers jaunis par l'automne, faisaient flotter déjà, autour du front, l'ombre dorée de leur feuillage, élevait sa coupe en chantant le vin qui fait aimer, c'est sans doute le pampre de quelque vin d'Attique qui égrénait ses rubis sur les lèvres inspirées du poète. S'il renaissait, pour chanter encore les immortelles tendresses de la beauté triomphante, je m'imagine que ce serait le champagne joyeux qui, de ses topazes sonores, réveillerait, dans son gosier, l'hymne depuis longtemps endormie, à la gloire de la Femme et à la ferveur des tendresses. Et mêlant ses blancheurs légères à celle de la barbe épanouie du porteur de lyre, la mousse champenoise y mettrait comme la rosée aurorale d'un renouveau. Mais hélas ! Que nous sommes loin de ces temps où l'art de vivre était, en même temps, celui de boire et d'aimer, quand, dans leur nudité chaste et leur grâce pudique, les belles filles de Samos dansaient, au son des lyres, cependant que passait, lointaine sur les rivages, la procession des Panathénées ! De cet épicurisme charmant, de ce paganisme exquis, ce fut comme un reflet qui passa sur la société française, quand ses poètes classiques y avaient vraiment réveillé l'âme des Dieux, et ce fut comme une source naturelle, sœur des sources sacrées où Sophocle, Euripide, Pindare avaient bu autrefois, qui jaillit du sol français, pour ces banquets renouvelés de ceux des anciens sages et des demi-dieux. C'est le Champagne qui en coula, pour mêler sa chanson joyeuse au chant triomphal qui saluait le Roi Soleil, pareil au grand Jupiter lui-même dans ses caprices amoureux.

Mais voilà que, pour célébrer à mon tour le divin Champagne, je retarde le plaisir qu'auront à mieux apprendre son histoire, ceux pour qui M. Armand Bourgeois a écrit ces pages d'une érudition si aimable et d'une science si bonne enfant. J'ai à m'en-excuser vis-à-de lui et vis-à-vis de ses lecteurs. Avec quel plaisir ceux-ci vont le suivre jusqu'au souper fin où Madame la marquise du Châtelet sera leur amphytrion et Voltaire leur voisin de table, cependant que je rentrerai moi-même dans le monde infiniment moins joyeux et choisi où nous luttons l'horrible lutte pour la vie ! De l'abondant cellier qu'il vient d'ouvrir j'emporterai, en souvenir de la primeur qui m'a été donnée de cet ouvrage charmant, comme un peu de mousse blonde tombée dans mon verre et qui y a mis, dans un frisson d'or, un peu de soleil et d'oubli.

ARMAND SILVESTRE.

Mai 1897.

A l'Illustrateur de mon Livre

Mlle LÉONIDE BOURGES

Artiste-Peintre

qui fut l'Élève et l'amie de Daubigny

Par ma foi, du SAUTE-BOUCHON,
Ainsi nommé sous LOUIS QUINZIÈME,
Vous comprîtes le folichon
En vos dessins, tout un poème.

Par vous tout un passé revit,
Passé de grâce et d'élégance
Qui, même de loin, nous ravit :
Elle eut du bon l'ancienne France.

C'est que le sillon parfumé
De l'enveloppante marquise,
De maints courtisans tout semé,
Etait douce chose qui grise.

Que n'était-ce pas, quand trônait
Notre Champagne sur la table !
Sitôt paru, chacun prônait
Ce suggestif et pimpant diable.

Et quel metteur de diable au corps !
Car la tête légère et folle,
Auprès d'un beau garde-du-corps,
Peut rendre l'âme un tantet molle.

C'est, chère artiste, ce que dit
Votre gracieux frontispice,
Que vous sûtes faire érudit :
Va, mon livre, sous son auspice !

A. B.

INTRODUCTION

Il a déjà été beaucoup dit, beaucoup écrit sur le vin de Champagne ; mais cette mine si riche est-elle donc épuisée ? Non, loin de là, à preuve les précieuses découvertes que je fis à la bibliothèque d'Epernay, parmi les manuscrits de Bertin du Rocheret.

Ils avaient été explorés déjà, ces manuscrits ; seulement les chercheurs qui m'ont précédé ont laissé de côté nombre de choses intéressantes, ne répondant sûrement pas au but et au genre de travail qu'ils s'étaient proposés. Ce sont ces mêmes choses que j'utilise aujourd'hui ; elles sont, pour presque toutes, complètement inédites.

S'il est une phase intéressante au suprême chef, surtout pour notre époque contemporaine champenoise, c'est bien la phase des débuts de ce vin de Champagne à l'universelle renommée. Comment et à quelle époque a-t-il commencé d'entrer en pleine gloire ? Quelles sont les circonstances qui y ont aidé ?

Autant de points que je vais examiner et qu'aussi bien viendront corroborer pleinement les documents ou lettres dont je donnerai ou la copie in-extenso ou les fragments qui se rapportent uniquement au vin de Champagne.

Champenois engoué de mon pays, champenois placé au centre d'un pays viticole, par excellence, ayant toujours eu à cœur de le célébrer ou de le faire célébrer, depuis bien des années déjà, ne devais-je pas être conduit plus que bien d'autres à m'occuper des côtés historiques et épisodiques du vin de Champagne, de sa psychologie, pourrais-je presque dire.

En effet, je m'abstiendrai de toucher scientifiquement au vin de Champagne, d'abord parce que je n'en ai pas la compétence et ensuite parce que, sous ce rapport, il a été publié les plus savants ouvrages qui font encore autorité aujourd'hui ; de plus récents même sont venus augmenter ces richesses scientifiques et les investigations des spécialistes ont vu leurs horizons s'élargir de plus en plus, comme leur activité sollicitée plus que jamais par les menaces du terrible ennemi qui s'appelle le phylloxera.

Ne puis-je ajouter d'autre part que les aimables lignes du *Gaulois*, à moi consacrées dans son numéro du 24 décembre 1896, sont bien faites pour m'encourager dans la glane des faits et gestes se rapportant au vin de Champagne. Voici d'ailleurs textuellement ce qu'il voulut bien dire d'élogieux à mon endroit : « *A propos du supplément illustré que nous venons de publier sur le vin de Champagne et où nous avons reproduit quelques opinions assez curieuses de nos célébrités* contemporaines, il nous paraît de toute équité de rappeler que nul ne s'est occupé du Champagne, au point de vue artistique et littéraire, avec plus d'ingéniosité et d'à propos que M. Armand Bourgeois qui fut l'organisateur du concours poétique de 1884 sur le vin de Champagne. »

Ce concours, qu'évoque le *Gaulois*, fut un tournoi littéraire sans exemple, tant ces mots : *Vin de Champagne*, provoquèrent d'enthousiasme en sa faveur, dans toutes les classes de la société, puisqu'il y eut jusqu'à d'humbles ouvriers qui entrèrent en lice. Il y eut des gens de lettres et non des moindres, des artistes, des gens du monde et parmi ces derniers nombre de plumes féminines. Tels poètes, devenus célèbres depuis, ne dédaignèrent pas de chercher à décrocher la timbale qui était représentée par des paniers de vin de Champagne, en plus d'un gros prix d'argent de mille francs offert par M. Gaston Chandon de Briailles, de la maison Chandon et Cie.

Que dis-je ? Des étrangers concoururent qui en anglais, qui en langue russe, qui en italien, qui en allemand, mais on dut écarter leurs pièces. Conclusion : Ce furent environ douze cents poésies sur le même sujet qui me furent adressées.

Quelques années plus tard, en 1890, étant Président de l'Académie champenoise, j'organisai un nouveau concours, toujours en vue de célébrer et de faire célébrer le vin de Champagne, en spécialisant le sujet : *Chanson sur le vin de Champagne.*

Ce concours fut également brillant. Moins nombreux furent les concurrents sans doute ; mais il n'y eut rien à désirer comme qualité. En pouvait-il être autrement,

quand on songe que Charles Grandmougin, un chevalier de la Légion d'honneur de cette année, le célèbre
auteur dramatique de l'*Empereur*, l'honora de sa chanson, que je m'étonne de ne pas avoir encore vu mettre
en musique par l'un de nos compositeurs en vogue.

Ces chansons furent par moi publiées en un volume
intitulé : *Le Chansonnier du vin de Champagne en 1890*,
auquel il fut fait le meilleur accueil par nos négociants.
La spirituelle et chaleureuse préface que lui fit Adolphe
Brisson, le fin critique, n'est pas non plus le moindre
charme de ce volume.

Plus tard encore, en 1894, autre monument élevé en
l'honneur du champagne. Je veux parler du volume
des *Opinions sur le vin de Champagne*, que je recueillis
de 1890 à 1894, parmi nos célébrités contemporaines de
France.

En 1896, enfin, nouvel et retentissant honneur fait
au Champagne par Mme Tarquini d'Or de l'Opéra-
Comique qui, le 20 avril de la même année, chanta au
théâtre d'Epernay, au milieu de bravos frénétiques,
Mousselle, Fille du Champagne, dont je fis les paroles et
dont un sparnacien, Octave Rigot, composa la musique.

Aujourd'hui, c'est donc un nouveau monument que
je dresse à l'intention du vin de Champagne. Je le dé-
clarerai même très important pour tous ceux qu'in-
téressent les questions du vin de Champagne, qu'ils
soient négociants, propriétaires, patrons ou simples
ouvriers vignerons, appartenant à notre belle contrée
ou même uniquement buveurs de ce nectar sans pareil.
Non pas que j'entende m'en attribuer le mérite, puisque
je dois de pouvoir le faire aux curieux et précieux

écrits et autographes laissés notamment par Adam Bertin du Rocheret et Philippe-Valentin Bertin du Rocheret, son fils, qui furent tous deux présidents de l'Election d'Epernay (c'était alors une des plus hautes charges de province).

Je serais injuste d'un autre côté, si je ne marquais pas ma reconnaissance envers M. A. Brion, bibliothécaire de la ville d'Epernay, qui, très obligeamment, voulut bien faciliter mes recherches.

Avant d'aller plus loin, quelques mots sur les deux Bertin du Rocheret. Ils descendaient d'une famille anoblie par Henri III, famille qui était originaire de l'Artois. Ses membres, comme il arrive souvent, se dispersèrent. C'est ainsi que sous le règne d'Henri IV, l'un d'eux, Nicolas Bertin, vint se fixer en Champagne, à Reims, où il fut commissionnaire en vins. Il eut pour fils Adam Bertin, sieur du Rocheret, qui, lui, vint s'établir à Epernay et y fonder une maison de commerce de grande importance pour l'époque, puisqu'il expédiait non seulement en France, mais encore à l'étranger, par quantités à peu près inconnues jusqu'à lui. C'est précisément à sa correspondance commerciale que je vais faire des emprunts qui instruiront de la valeur des vins de Champagne, intrinsèque et extrinsèque, au XVIIe et au XVIIIe siècle. On verra par cette correspondance que dom Pérignon est loin d'être le personnage simplement légendaire que d'aucuns envisagent et qu'il n'y a rien d'imaginé dans tout ce qu'on lui attribue; on y verra, en un mot, que sa réputation n'a pas été surfaite et que des contemporains, et non des moindres, en ont hautement témoigné.

Adam, qui avait acquis une grande notoriété tant à cause de la prospérité de ses affaires que des grandes relations que lui avait values son négoce, même avec de hautes personnalités, devint, en 1705, le plus marquant des citoyens de sa ville, en qualité de Président de l'Election d'Epernay et subdélégué de l'Intendant de Champagne.

Son fils, Philippe-Valentin, né à Epernay le 12 avril 1693, hérita à la fois de sa charge et de son négoce. Doué d'une grande instruction, un lettré dans toute l'acception du mot, un écrivain remarquable, il ne lui manqua que d'être poussé par les circonstances pour être placé peut-être au rang des écrivains les plus distingués de son époque. Il m'arrivera, dans un autre travail que je me propose pour l'avenir, de faire voir combien appelé par ses goûts à Paris, la fatalité se mit toujours en travers. Cette terre promise toujours fuya devant lui ; mais s'il y perdit la gloire, la renommée, la province lui dut d'avoir une sommité locale de plus et sa ville natale de s'être vu conserver, grâce à son érudition et à sa vie excessivement laborieuse, l'histoire de son passé. Sans lui, en effet, ce passé aujourd'hui demeurerait ignoré, ce qui serait profondément regrettable, étant donné le vif intérêt qui s'attache à l'ancien Epernay. Je démontrerai en un mot, un jour (le cadre actuel ne le comporte pas) que Philippe-Valentin Bertin du Rocheret, très fier de sa cité, lui apporta sans cesse son dévouement et ne négligea jamais de faire triompher ses intérêts toutes les fois qu'une chose lui parut équitable ; qu'il fut, par excellence, un bon citoyen et qu'il mérite d'être mieux connu de ceux qui sont venus après lui, car ce n'est pas assez qu'il ne soit que dans l'esprit de rarissimes chercheurs et érudits. Je voudrais, que son nom demeurât populaire dans toutes les bouches spranaciennes.

Je le répète, j'y reviendrai, car Epernay doit beaucoup à Philippe-Valentin Bertin du Rocheret, ne fut-ce que son industrie des vins de Champagne de plus en plus répandue.

Je termine en manifestant l'espoir que ce qui va suivre intéresse et instruise, séduise même le lecteur ; il ne me semble pas qu'il en puisse être autrement, quand il s'agit de notre vin de Champagne. Est-ce que, dès qu'il apparait, tout nuage ne se dissipe pas, une large embellie ne se produit pas en notre âme et dans notre cerveau, notre élan ne suit pas celui de ses bulles ?

Il est — ce sera mon dernier mot — souvent d'usage de dédier son livre à quelque personnage ; ce sera à vous, mes chers compatriotes champenois.

ARMAND BOURGEOIS.

Pierry-Epernay, le 11 février 1897.

PREMIÈRE PARTIE

APERÇUS HISTORIQUES

ÉPISODIQUES, VITICOLES, ŒNOLOGIQUES

SUR LE VIN DE CHAMPAGNE

Sous les règnes de Louis XIV et de Louis XV, c'était avant tout la Cour qui faisait la consécration des choses. Ainsi en ... ... Vin de Champagne non mousseux et mousseux.

Il suffit d'une ordonnance de Fagon au Grand Roi malade, pour faire mettre à la mode le vin de Champagne. Il suffit des soupers fins de la Régence pour le lancer à tout jamais et commencer sa réputation européenne.

Bref, les couronnes que lui tressèrent rois, princes,

princesses et maîtresses royales, le firent désormais regarder comme une tête couronnée, lè firent traiter de Roi des vins et encore de nos jours cette royauté demeure incontestée.

Qui dira jamais les impressions de Mme de Parabère et de la marquise de Pompadour sur ce délicieux diable blond et rose, qu'est le mousseux champenois ? Quel dommage qu'un Dangeau quelconque ne les ait notées au passage ?

Et les impressions de bien d'autres jolies femmes de l'époque, ne nous auraient pas été non plus indifférentes.

Elles durent, ces beautés, servir de bien joli cadre à l'invention de dom Pérignon et encore aujourd'hui si l'on veut figurer une apothéose du vin de Champagne, on ne manque pas de lui faire un décor Louis XV, tout de grâce légère, appel aux ris et folâtreries, comme les pétillantes perles elles-mêmes du vin.

Aux agaceries qui lui étaient faites, le vin de Champagne répondait par d'autres agaceries et faisait déborder l'esprit avec sa mousse.

Quand il y eut de folles fêtes chez la Gaussin et la Camargo, c'est lui qui s'ingéniait à faire déménager les cervelles des gentilshommes adorateurs.

Quand Maurice de Saxe soupait chez Adrienne Le Couvreur, c'est encore lui qui mettait de l'ordre dans l'épaisseur soldatesque et mi-barbare du maréchal.

Louis XV lui-même ne détestait pas les fines parties de campagne chez ceux où il savait qu'il y avait un bon approvisionnement de crus champenois.

Comment après tout cela notre champagne n'aurait-il pas été éclatant et conquérant ?

On peut bien déclarer que si Louis XIV et Louis XV lui ont donné l'investiture, ils lui communiquèrent en même temps l'immuabilité, car si leur trône s'est écroulé en la personne de leurs descendants, le champagne est resté. Si son règne à lui finit jamais, il ne finira qu'avec le monde.

Il est d'une popularité qui n'a fait que grandir chez les grands, comme chez les petits, chez les gouvernementaux, comme chez les radicaux, chez les socialistes comme chez les anarchistes (ces derniers, s'ils se plaignaient, ce serait de ne pas faire assez souvent sauter le bouchon).

Aimé de tous, qui songerait, en effet, à le renverser, à le faire disparaître ?

*
* *

Dom Pérignon, ai-je déjà dit ailleurs, mériterait bien qu'on lui élevât une statue, non-seulement pour son invention du champagne mousseux, mais à cause des avantages incalculables, qu'il procura à sa contrée. N'est-il pas l'auteur en somme de tant de fortunes, de tant de bienfaits qui résultent aujourd'hui de l'Industrie des vins de Champagne ? Que de commerçants, que de propriétaires, que de vignerons qui en vivent !

C'est même plus qu'une richesse régionale, c'est encore une richesse publique. Est-ce qu'ils ne sont pas considérables, les avantages qu'en retire l'Etat ?

N'offre-t-elle pas en outre, cette industrie, de grands

avantages moraux, parce qu'elle est un instrument de civilisation, parce qu'elle porte au loin le nom et le renom français.

Oui, l'on doit tout cela au moine d'Hautvillers ! Oui, l'on ne s'explique pas que sur la place publique de ce pays, ne se dresse pas imposante la statue de dom Pérignon.

On l'a bien dressée à Parmentier.

Dom Pérignon est-il donc moins un bienfaiteur que lui ?

Je ne sais si j'exagère, mais il me semble qu'il y a, dans cette lacune, une grande injustice champenoise, tout au moins.

Et cependant dom Pérignon — ce n'est point pour chercher à diminuer ses mérites — eut un émule assez sérieux. J'ai nommé le frère Jean Oudart, religieux convers bénédictin de l'abbaye de St-Pierre-de-Châlons. Les religieux de Saint-Pierre-de-Châlons étaient alors seigneurs de Pierry et ils avaient commis à la garde de leurs vendangeoir et vignes de Pierry, le frère Jean Oudart.

Il y résida toute sa vie et, de même que dom Pérignon, il étudiait beaucoup la question des vins. Philippe-Valentin Bertin du Rocheret, à son sujet, va jusqu'à dire qu'il se fit une réputation presque égale à celle de dom Pierre Pérignon, par sa façon de faire et de vendre le vin.

Est-ce à l'intention de frère Oudart, ce couplet que j'ai retrouvé et qui faisait partie d'une chanson du temps, qui se chantait volontiers à table ?

En tout cas le voici textuellement :

Le bon vin, le matin,
   Sortant de la tonne
Vaut bien mieux que le latin
   Qu'on dit en Sorbonne.

*_*_*

N'est-ce pas un brevet de noblesse pour une famille, ce que je vais citer et combien l'envieraient ?

L'ordonnance prescrite par Fagon à Louis XIV, fut ponctuellement observée jusqu'à la mort du Roi, qui eut lieu en 1715.

Ay — pardon de ce terme extra-moderne — tenait à cette époque le record du vin de Champagne. Aussi le Roi en faisait-il retenir une certaine quantité, chaque année, chez Remy Bertault d'Ay et il en fut ainsi jusqu'en 1715.

Si la réclame eut existé alors comme aujourd'hui, quelle admirable trouvaille c'eut été que de se dire *Fournisseur de S. M. Louis XIV* et de le faire savoir *urbi et orbi !* Après tout rien ne nous prouve que Remy Bertault n'ait pas usé de cette réclame, dans la mesure de ses forces.

Puisqu'Ay vient de se mettre sur les rangs pour qu'il soit dit de lui : « A tout seigneur, tout honneur », ne le quittons pas sans mentionner ce qu'en a rapporté St-Evremond, ce spirituel écrivain et non moins élégant viveur. Du moment que le vin de Champagne était bien en cour, c'était à qui des courtisans voulait prendre intérêt à lui et décrire ses origines les plus reculées. De ce nombre fut St-Evremond et, dans une lettre à son ami le comte d'Olonne, il lui conseillait l'usage du vin d'Ay, ajoutant que le Pape Léon X, l'Empereur Charles-Quint et les rois François Ier et Henri VIII voulurent toujours user du vin d'Ay, comme le plus excellent, le plus épuré de toute senteur de terroir. Et pour en surveiller d'autant mieux la provenance, ils eurent tous quatre leur propre maison dans Ay ou à proximité d'Ay, où ils rentraient leur provision.

On remonte plus haut encore, en nous faisant connaître que le pape Urbain II le préférait à tous les vins du monde.

D'ailleurs de la part d'un pape d'origine champenoise, le fait s'explique tout seul.

La renommée était déjà grande, quand il ne s'agissait pas encore du vin mousseux de Champagne, que n'eut-ce pas été, si les personnages sus-indiqués l'eussent connu dans ces conditions merveilleuses ?

Ce n'est point fini à l'égard du vin d'Ay. L'Empereur Sigismond, de la maison de Luxembourg, venant en France, l'an 1410, voulut passer par Ay, pour goûter le vin du cru sur place, dans la ville même qui lui donnait son nom.

Aujourd'hui encore ne voit-on pas, à Ay, l'ancien pressoir d'Henri IV ?

***

Bertin du Rocheret, bien placé pour savoir, tint à relever les erreurs susceptibles de s'accréditer.

Ainsi Boileau Despréaux avait lancé quelque part que le vin de Champagne devait sa première réputation à MM. Colbert et Le Tellier, qui possédaient de grands vignobles dans la province. A cela Bertin du Rocheret répond que s'il a entendu parler du vin de Reims ou de la Montagne, ces deux familles n'en étaient assurément pas gros propriétaires ; à la bonne heure, s'il s'était agi de MM. Cauchon et Brulart de Sillery.

Mais que s'il a voulu parler du vin d'Aÿ ou de la Rivière, son erreur est impardonnable, puisque MM. Le Tellier et Colbert n'y ont jamais possédé un cep de vigne.

**

Alors, comme aujourd'hui, les contribuables n'évitaient pas les tentacules de cette pieuvre, de ce mal nécessaire, qu'on appelle l'impôt. Mazarin n'avait-il pas dit : « Chantez, mais payez? » Il résulte en effet d'un arrêt du Conseil d'État du Roi, que les pourvus des offices de courtiers et commissionnaires des vins, cidres, eaux-de-vie et liqueurs dans les villes d'Orléans, Blois, Reims, Epernay, Nantes et autres, où il y a communauté desdits courtiers et commissionnaires, tiendront des registres dûment paraphés, feront bourse commune de moitié des droits attribués auxdits offices, et établiront des bureaux, pour la perception desdits droits.

Cet arrêt est du 6 mai 1692.

**

Les falsifications ne sont pas d'hier non plus, si j'en juge par ce fragment d'une lettre qu'un M. de Nully, écrivait de Paris, en 1716, à Bertin du Rocheret : «......

Vous êtes dans un bon pays. Bacchus y prodigue

pour vous son nectar. Il vous inspire des chants divins ; il bannit la sombre tristesse , il fait mille autres effets, que je copierais volontiers d'après les poètes, si je n'avais matière ample et très ample d'une moult grandement beaucoup longue lettre. Cependant nous, vos amis, *réduits à l'eau bourbeuse de la Seine où à des vins trompeurs et frelatés*, éloignés de la source et du pays qui rend la verve fertile, que pouvons-nous vous mander d'assez bon goût, *sale attico* ?....... »

On voit encore par ce fragment de lettre, qu'on redoutait déjà, sans les nommer, les infiniment petits, appelés microbes.

**

Très instructif, un répertoire de Bertin du Rocheret que je consultai.

Il nous apprend que, le 9 août 1734, il a donné l'ordre à un M. Durant de faire partir un panier de vins pour M. Petit, marchand de vins des Plaisirs du Roi.

Que le 16 Novembre, il a fait expédier à M. le marquis de Solignac, à l'Hôtel de Mézières, rue de Varenne, 50 bouteilles de mousseux, 50 de pétillant ; à la même date, à M. Jacques Chabanne, 6 pièces d'Ay et Cumières.

Il nous apprend encore, même date, que les Religieux d'Hautvillers, ont vendu leur vin 470 livres et que le vin de Pierry n'est pas bon.

Le 17 octobre 1748, en date d'Ay, où il était propriétaire de maisons et vignes, il fait savoir à M. Petit, dont il est question plus haut, que les vins sont bons, fermes, un peu secs, ont bonne odeur ; le 30 octobre à

M. Ch. Pickffatt, que le vin d'Ay vaut 340 et 400 livres, celui de Pierry, 400 et 450 livres, le vin rouge 130 et 200 livres.

Le 19 novembre 1748, il fait à M. le capitaine du Quesnay, une commande de 5 pièces de vin rouge, pure cuvée de Sillery ou de St-Basle, pour le Stathouder.

Le 10 octobre 1749, il informe M. Palairet que le vin est taché et sucré, que le vin vigneron, à Cumières, vaut 210 livres, le moyen bourgeois 330 livres, dont il fait partir 4 pièces pour Londres ; à M. Karlen, que le bourgeois rouge d'Ay vaut 350 livres ; mais que les têtes en blanc valent 500, 600, 700 livres.

Du 30 septembre 1750, en date d'Ay, il recommande à son chef vigneron Gobin qu'on ne vendange que jusqu'à 10 ou 11 heures, de prendre 80 femmes et de cesser avec le soleil.

D'Ay, le 17 octobre 1750, il fait connaître à M. Dominique Palairet, que les vins blancs sont peu soyeux, les rouges pas assez vineux, que le Cumières vaut 160 et 200 livres.

Le 3 octobre 1757, étant à Epernay, il réclame à M. de Maizières de Maisoncelle, à Pierry, des essais de bon vin vieil blanc, cercles ou flacons.

Le 20 septembre 1750, étant à Ay, il apprend à M. Jacques Chabanne que les blancs seront excellents et se vendront vite ; que d'autre part les vendanges vont avoir lieu dans la huitaine.

Plusieurs des noms de personnes que je cite, sont ceux d'intermédiaires que Bertin du Rocheret avait d'attitrés, tant pour la France que pour l'étranger.

N'est-il pas intéressant de suivre tout ce mouvement

2

des vins de Champagne, dans une période de vingt
ans ?

*_**

Veut-on connaître une ordonnance rendue par Bertin du Rocheret lui-même, en sa qualité de Président
de l'Election d'Epernay, d'autant mieux qu'elle rentre
dans notre sujet ? Elle nous dira en outre les compli-
cations à la fois de procédure et de mesures du temps.
On comprend après cela les bienfaits de l'unification
des Poids et Mesures.

Voici donc textuellement cette ordonnance :

« A tous ceux qui ces présentes lettres verront, le
Président Lieutenant Conseiller du Roi et élu en l'Election d'Epernay, Salut.

Savoir faisons que aujourd'hui, date des présentes,
En la cause d'entre Me Pierre Fagnier, conseiller du
Roi, Receveur des Tailles de l'Election d'Epernay, y
demeurant, demandeur en requête et aux fins de l'Ex-
ploit de Geoffroy du 11 du présent mois, contrôlé à
Epernay par Trémault le même jour, comparant en
personne et par Me Nas Tremault, son procureur ; contre Me Charles de St-Aubin, Fermier des Aydes de ladite Election, défendeur, comparant par le sieur de
Chassenay, son receveur à Epernay, et par Me Phili-
ponnat, son procureur.

A l'audience de la cause, après conclusions prises
par le sieur demandeur aux fins de sa requête ; à ce
que le défendeur soit condamné à lui délivrer un congé
pour l'enlèvement d'un poinçon de vin par lui vendu
en gros, offrant comme il a fait d'en payer tout les

droits dus et accoutumés, et pour en avoir fait refus, que le défendeur soit condamné en des dommages et intérêts, et aux dépens.

Le défendeur comparant comme dessus, a dit qu'ayant appris que le poinçon de vin que le demandeur a déclaré avoir vendu en gros n'est point de la jauge ordinaire et dont on a coutume de se servir dans l'Election de cette ville ; mais est beaucoup plus gros et par conséquent contient plus de vin : il a été en droit de lui refuser un congé, autrement si cet usage ou plutôt cet abus était toléré, il en résulterait une perte et diminution considérable des droits du Roi et de la Ferme, pourquoi il conclut d'être renvoyé de la demande dudit sieur demandeur et incidemment à ce que pour la contravention faite par ledit sieur Fagnier de Sivry aux règlements et ordonnances sur le fait de la jauge, il soit condamné en telle amende qu'il nous plaira, et à la confiscation dudit poinçon de vin et à fin de dépens : ledit sieur demandeur a dit qu'il convient que le poinçon de vin qu'il a vendu est un peu plus gros que ceux dont on se sert dans ladite Election : mais que pour démouvoir ledit sieur défendeur et le mettre hors d'intérêts, il offre de payer les droits, pour ce qui se trouvera excéder la jauge ordinaire et soutient qu'il n'y a lieu à la demande incidente.

Sur quoi ouï le procureur du Roi, nous avons ordonné qu'il sera délivré un congé audit demandeur pour l'enlèvement du poinçon de vin dont est question ce payant les droits ordinaires, et en outre ceux qui peuvent être dus pour l'excédant de jauge, sans tirer à conséquence et fait droit sur les conclusions dudit pro-

cureur du Roi, nous avons ordonné que les règlements
et ordonnances intervenus sur le fait de la jauge, seront
exécutés et ce faisant avons fait défense à toutes personnes de telle qualité et condition qu'elles soient, de
se servir et de renfermer leurs vins dans des vaisseaux
d'une autre jauge et mesure que de la jauge ordinaire
et de tout temps usitée dans toute l'étendue de ladite
élection, qui est communément appelée jauge de Champagne.

Ordonnons que tous les ouvriers tonneliers et autres faisant faire et construire des poinçons et autres
vaisseaux, seront tenus de se conformer à ladite mesure dont l'étalon est déposé et gardé dans notre
greffe, suivant laquelle lesdits poinçons, dont les deux
font la queue de Champagne, doivent avoir deux pieds
et demi de long, 22 pouces au bouge, 20 pouces tournant aux fonds et 1 pouce et demi de jable ou environ;
et les caques, dont les trois sont le muid de Paris, doivent être faits à proportion et à la diminution d'un cin-
quième de toutes les dimensions ci-dessus, à peine contre les contrevenants de confiscation des vaisseaux qui
se trouveront être plus petits, ou excéder ladite jauge
et mesure, et en outre des vins et autres liqueurs étant
en iceux, et sera notre présent jugement lu et publié
aux principales places et carrefours de cette ville et
dans toutes les paroisses dépendant de la dite Election,
ce qui sera exécuté nonobstant opposition ou appellation quelconque et sans préjudice d'icelles ; ce qui fut
fait et rendu par nous juge susdit, le samedi onzième
août 1703.

Si mandons au premier huissier, sergent royal de

celte élection ou autres sur ce requis, de mettre ces présentes à exécution, de ce faire lui donnons pouvoir; en témoins de ce, nous avons fait signer ces présentes par notre greffier ordinaire en ladite Élection, les jours et an que dessus.

Signé : BERTIN.

. . . .

. C'est une disgression et encore point très grande digression; mais aussi c'est de l'enseignement historique.

Dans le document qui précède, il est fait allusion aux droits à percevoir par la Ferme des Aides. Précisément, quelques jours avant d'écrire ces lignes, on me faisait don d'un jeton, sur lequel il y a en exergue, d'un côté, autour des armes royales : *Ferme des Aides;* de l'autre, autour d'un vigneron penché vers les ceps, une serpe à la main : *Superflua demo...*

Ce jeton, fort bien conservé, est daté de 1639.

De plus il y a lieu de croire qu'ayant été trouvé dans ce vignoble-ci, il est bien spécial à la contrée.

***

Il va être démontré par le document suivant, combien la plantation des vignes était surveillée en Champagne :

« De par le Roi, Charles Etienne Le Peletier de Beaupré, Chevalier Conseiller du Roi en ses Conseils, M^e des Requêtes ordinaire de son Hôtel, Intendant de Justice, Police et Finances et Commissaire départi pour l'éxécution des ordres de S. M. en la Province et Frontière de Champagne.

Sur les représentations qui ont été faites à S. M. qu'au préjudice des arrêts du Conseil et des ordonnances rendues en conséquence, les habitants de cette province se donnaient la liberté de planter journellement des vignes, sans en avoir obtenu la permission, ce qui était une contravention formelle à la disposition des arrêts, nommément à celui du 29 Sept. 1729 et S.M. désirant être informée au juste de la quantité de vignes qu'il peut y avoir dans la généralité et de connaître particulièrement la date de la plantation de celles qui ont pu être plantées depuis 1720.

Nous, en conséquence des ordres à nous adressés le 9 mai présent mois, ordonnons que dans six semaines du jour de la publication de notre présente ordonnance, il sera dressé par le syndic en exercice de chaque paroisse, un état exact de toutes les vignes qui se trouveront dans sa communauté, dans lequel il spécifiera la quantité en général d'arpents de terre plantés en vigne, avec la date fidèle de la plantation de celles qui l'ont été depuis 1720, et les noms des propriétaires d'icelles.

Et sera ledit Etat, ou un certificat négatif, au cas qu'il n'y ait point de vignes, dans le cas ci-dessus, envoyé par ledit syndic dans le délai susdit, au subdélégué de son Election, à peine de cent livres d'amende contre les contrevenants. Et pour assurer d'autant plus la vérité desdits états, ordonnons qu'ils seront certifiés, tant par ledit syndic que par le juge et les quatre principaux habitants de chaque lieu, à peine de mille livres d'amende, tant contre le juge, que contre les autres, en cas d'omission ou de fausse déclaration. Sera notre présente ordonnance lue, publiée et affichée dans toutes les paroisses de notre département et exécutée nonobstant opposition, appellation ou autres empêchements, sans y préjudicier.

Fait à Châlons, ce vingt un mai mil sept cent trente deux.

Signé : Le Pelletier de Beaupré.

Par Monseigneur

Varye.

Et il fallait qu'on trouvât déjà de grands bénéfices à la culture de la vigne, en Champagne, pour que l'on visat à planter sur une grande échelle, comme le démontre, en outre, une lettre qu'on rencontrera dans la troisième partie.

***

Les cadeaux de vin de Champagne étaient déjà fort bien venus autrefois.

Nous voyons, le 11 mars 1668, le conseil de ville d'Epernay offrir à MM. de Bouillon et de Turenne, deux caques de vin blanc en bouteilles. On désirait évidemment se les rendre favorables.

Le 10 février 1703, il est expédié à M. de Harouys, intendant de Champagne, par le même conseil de ville,

4 douzaines de bouteilles et une douzaine à son secrétaire.

Le 15 juin 1704, il était offert à M. le Maréchal de Boufflers, à son passage à Epernay, une douzaine de bouteilles, avec biscuits et macarons

Le 14 juillet 1711, MM. du Lubre, de Lespine et Chertemps, étant allés saluer à Châlons M. Charles César Lescalopier, intendant de Champagne, lui portèrent 50 bouteilles du meilleur et 25 bouteilles à son secrétaire.

A M. de Mailly, archevêque de Reims,   avait porté cinquante bouteilles, à l'occasion de son avènement.

Dans l'assemblée du conseil de ville du 4 août 1735, il avait été ordonné que des délégués se transporteraient au château de Sillery pour saluer et présenter cent bouteilles de mousseux à Mᵣᵒ Louis Philogène Brulart, marquis de Puysieulx, gouverneur d'Epernay, brigadier des armées du roi et son ambassadeur auprès de Dom Carlos, roi des Deux-Siciles.

J'arrêterai là les citations ; mais ce qui était le bienvenu alors, ne l'est pas moins aujourd'hui.

En effet, est-il cadeau plus riant que celui de vin de Champagne ?

*
**

Une relation écrite envoyée à Bertin du Rocheret sur le bal que donna la ville de Paris, le 30 août 1739, mérite que je la cite en faveur du vin de Cham-

pagne, déjà bien près de détrôner le vin de Bourgogne.

« Le bal que la ville donna le 30, a été l'un des plus
brillants que l'on ait jamais vus. Le roi y est venu
incognito en habit de masque. La Cour de l'Hôtel de
Ville de laquelle on avait fait une salle de bal, formait
un coup d'œil magnifique, tant par le goût des déco-
rations que par celui avec lequel elle était illuminée ;
il y avait, dans deux ou trois autres salles, des buffets
remplis de mets les plus exquis et de toutes sortes de
rafraîchissements où il était permis à tout le monde
d'y aller. Il s'est consommé 1800 bouteilles de vin de
Champagne, 4000 de vin de Bourgogne, 15,000 pêches,
30 muids tant de limonade que d'orgeat, quantité de
jambons et de perdrix, etc..., et une infinité surpre-
nante de confitures sèches en paquets. La décoration
de cette salle et le feu construit sur le Pont-Neuf ont
resté pendant trois jours, pour satisfaire la curiosité
du peuple, qui ne pouvait se lasser d'admirer de si
belles fêtes ».

⁎

Il y a beau temps que les impôts étaient déjà trouvés
bien lourds. C'est ainsi que dans une Assemblée générale du peuple de la ville d'Epernay, le 30 janvier 1670,
il fut décidé qu'on chercherait les moyens de faire
décharger les particuliers de la Ville et de l'Election
et rendre compte de leurs boissons comme chose
nouvelle insolite et non accoutumée à la foule et

charge du peuple. Qu'à cet effet les communautés de vignobles seront mandés de se joindre pour se pourvoir par devant le Roi et son Conseil, et cependant donner sa requête à la Cour des Aydes, pour obtenir défenses et arrêter les poursuites rigoureuses des fermiers.

DEUXIÈME PARTIE

LETTRES ET DOCUMENTS INÉDITS

RELATIFS AU VIN DE CHAMPAGNE

—⭆⭆⭆⭆❈⭅⭅⭅—

Le moment est venu de traiter de la deuxième partie de mon livre, qui sera tout à la fois documentaire, instructive, originale et pittoresque.

Ce vin de Champagne dont on parle tant, dont on a déjà tant parlé et dont on parlera tant encore, a une réputation universelle. On le sait, on s'en réjouit; mais les causes premières de cette réputation, combien les connaissent? C'est assurément l'infiniment petit nombre.

Pour notre si intéressante et si importante population viticole de la Champagne, mon ouvrage ne mérite-t-il pas d'être vulgarisé? Il me semble — si je ne m'abuse — qu'après l'avoir lu, son attachement deviendra encore plus grand, s'il est possible, envers la petite patrie. Il est si glorieux, en effet, ce début du vin de Champagne, qu'il tient presque du roman.

Ce vin savoureux, convenons-en, n'a jamais connu que les fleurs, comme s'il ne pouvait évoquer autre chose. De tout temps les fleurs féminines, aussi bien que les fleurs des jardins, ont tenu à lui faire honneur.

Bref, le vin de Champagne acclamé comme il l'a été par les célèbres beautés de la cour du Régent et de celle de Louis XV, peut affirmer qu'il est né en plein pays de féeries.

C'est donc tout ce que j'ai entendu faire ressortir, y apportant toute mon âme et la conviction d'avoir été à la fois utile et agréable à ma contrée.

Et je crois pouvoir dire encore que les documents que j'invoque, sont peut-être uniques.

Il est heureux, à cet égard, qu'un contemporain les ait précieusement conservés, puisqu'on leur doit de pouvoir combler bien des lacunes

Tous ces personnages qui échangeaient des lettres avec les Bertin du Rocheret, sont eux-mêmes fort intéressants à étudier.

Ils raisonnaient la qualité du vin, comme de vieux vignerons et auraient pu se faire délivrer des brevets de dégustateurs. Ils aimaient boire et faire boire, mais à condition qu'on célébrat leur qualité d'amphytrion. Ils aimaient qu'il soit dit d'eux : bonne table et bonne cave. C'est pourquoi, quand ils faisaient leur provision, c'était précédés des recommandations les plus minutieuses.

C'était, d'ailleurs, une preuve de leur bon goût, et ne

fallait-il pas aussi, en pareil cas, que la qualité des
vins allât avec la qualité des gens?

Il faut bien le reconnaître, à cette époque, ces vins de
luxe n'étaient dus qu'aux personnes de noblesse et de
bourgeoisie, et il s'en fallait de beaucoup que le vin
de Champagne soit démocratisé comme il l'est aujourd'hui, surtout en pays de production.

En nos vignobles champenois, à l'heure présente, il
faut qu'il y ait vraiment indigence pour qu'aux fêtes
de famille et autres, la bouteille au col argenté ou
doré, n'apparaisse pas sur toutes les tables.

Ceci dit, qu'on veuille bien me suivre dans l'examen
fort curieux des lettres et documents qui vont com-
poser exclusivement cette deuxième partie de mon
œuvre, et que j'ai accompagnés, de temps à autre,
d'annotations ou même de courts commentaires.

Je n'ai pu découvrir quel était l'auteur de la lettre
qui débute (il n'existe que des initiales). Elle est du
plus haut intérêt.

I

*LETTRE de M..... à M..... auteur de la thèse qui con-
clut que le vin de Reims est plus agréable et plus sain
que le vin de Bourgogne.*

(J'en extrais les passages suivants se rapportant
plus spécialement à la Champagne).

Il n'y a point de province qui fournisse de plus
excellents vins pour toutes les saisons que la Cham-

-pagne, elle nous fournit les vins d'Ay, d'Avenay, d'Hautvillers jusqu'au printemps, de Sillery et de Taissy pour le reste de l'année et au-delà.

Léon X, Charles-Quint, François Ier et Henri VIII avaient tous leur propre maison dans Aï, pour y faire plus curieusement leurs provisions, et parmi les plus grandes affaires du monde qu'eurent ces grands princes à démêler, avoir du vin d'Aï, ne fut pas un de leurs moindres soins. C'est le plus épuré de toute senteur de terroir et d'un goût le plus exquis. Je mettrais volontiers avec ces héros Henri IV qui se faisait appeler seigneur d'Aï et de Gonesse, honneur qu'il n'a pas fait à Beaune ni à Volnai.

J'ajouterai à ce passage un endroit de Pline où le dernier commentateur fait l'éloge du vin de Champagne en ces termes :

« *Cœtera Gâlliœ vina, sunt Regalibus mensis expetita e Campania Remense et quod vin d'Aï vocant* », il ne fait aucune mention des vins de Bourgogne.

Voici encore un trait d'histoire assez plaisant : Vinceslas, roi de Bohême et des Romains, étant venu en France pour quelque négociation avec Charles VI, se rendit à Reims au mois de mars 1397, où il trouva le vin si bon, qu'il s'en enivra plus d'une fois et se trouvant alors hors d'état d'entrer en négociation, il aima mieux accorder ce qu'on lui demandait, que de cesser un moment de boire du vin de Reims.

Voulez-vous encore une autorité d'un homme naturel et de bon goût, c'est M. la Fontaine, dans un de ses contes qui commence ainsi :

Il n'est cité que je préfère à Reims
C'est l'ornement et l'honneur de la France
Car sans compter l'ampoule et les bons vins,
Charmants objets y sont en abondance.

Le plus ancien témoignage touchant les vignes de
Reims se trouve dans le petit testament de saint
Remi (1) où on lit qu'il laisse entre autres choses aux
prêtres et aux diacres de l'église de Reims, une jeune
vigne qu'il avait fait planter au-dessous de la ville,
*vitis plantam super vineam meam ad suburbanum
positam communiter possidebunt cum Melanio vinitore.*

Flodoard (2), chanoine de Reims, parle de plusieurs
legs de vignes faits par saint Remi et les archevêques
Ranulfe et Sounace, etc...

Le même Flodoard fait encore mention de quelques personnes qui, du temps de saint Rigobert,
archevêque de Reims, c'est-à-dire au commencement
du VIIIᵉ siècle, laissèrent à des églises de la même
ville, des vignes situées en des terroirs et des villages
du pays Rémois, *in pagis remensibus*. Item, Flodoard
L. 2. C. XL., en une lettre que Pardule, clerc de l'église
de Reims, et élu au siège épiscopal de l'Eglise de
Laon, écrivit, environ l'an 860, à Hincmar, archevêque
de Reims et qui est rapportée par le Père Simond dans
le recueil des ouvrages de l'archevêque Hincmar T. 2
p. 838. Il lui parle des vins du pays Rémois, et lui
marque la qualité de ceux dont il lui conseille d'user
pour la conservation de sa santé. En voici les termes,

(1) Il mourut en 535.
(2) Il mourut en 966.

qui me paraissent assez curieux pour n'être pas ou-
bliés :

*Plurimum ad continendam sanitatem quasi hygiea
græcorum proficere non ignoratur. Vinumquoque non
validissimum neque debile, sed mediocre sumendum est,
hoc est, non de summitate montis, neque de profunditate
vallium, sed quod in lateribus montium nascitur, sicut
in Sparnaco, in monte Ebonis et in Remis de Milfiaco
atque Culmiciaco, cœtera autem aut nimis fortia, aut
valde debilia, aut nimium nutrientia...*

Le même Flodoard continue de dire qu'il y avait à
Reims une ancienne porte appelée *Porte de Bacchus*,
parce que les vins passaient par cette porte, comme
les blés par la porte de Cérès.

Le sacre du Roy est, ce me semble, l'époque de la
première réputation des vins de montagne. La cour
ne connaissait alors que le vin d'Aï ou de la Rivière
de Marne. Elle prit si bien goût aux vins de montagne, dont elle but à Reims, que l'on prit soin depuis
de les faire plus tendres, plus taillés, plus légers et
plus délicats. De manière que, depuis ce temps là,
les vins de rivière et de montagne ont été confondus
sous le nom de vin de Reims (par le vin d'Aï on comprend toute la côte de la rivière.)

Mais la dernière et la meilleure preuve que la préférence est due au vin de Champagne sur celui de Bourgogne, se tire du haut prix qu'on le vend. On sait que
depuis vingt ans les meilleures cuvées n'ont point été
vendues moins de 400 l. la queue. Il est arrivé plus
d'une fois que le prix en a été porté jusqu'à mille livres.

Il y en a un témoignage irréprochable de l'abbaye d'Hautvillers. C'est l'inscription suivante qui se lit sur l'un des pressoirs de cette fameuse maison :

« M. de Fonrille, abbé de cette abbaye, l'a fait faire en l'année 1694 et, cette même année, a vendu le vin mille livres la queue, sans accident étranger.

A Paris ce 1er février 1706.

Ne voilà-t-il pas des témoignages du plus haut intérêt, surtout en ce qu'ils remontent aux sources les plus antiques comme les plus autorisées ?

Bien que j'aie surtout entendu parler des origines du vin de champagne mousseux, dont la découverte est due à Dom Pérignon, il demandait bien aussi qu'on fasse appel à de beaucoup plus anciens titres de noblesse, qui avaient déjà fortement commencé la gloire de ce que j'appellerai les arrière-neveux.

Nous allons passer maintenant sans interruption aux correspondances échangées avec MM. Nicolas Bertin, Bertin du Rocheret père et fils et leurs lettres en réponse, à propos de commandes de vin de Champagne, de 1690 à 1734 :

Sans doute cette correspondance a dû être beaucoup plus considérable encore ; mais où a-t-elle passé ?

II

CORRESPONDANCES ÉCHANGÉES AVEC NICOLAS BERTIN,
BERTIN DU ROCHERET PÈRE ET FILS
ET LEURS LETTRES EN RÉPONSE, DE 1690 à 1734

*LETTRE du marquis de Puysieulx datée d'Huningue,
le 23 septembre 1690.*

Votre fils me vint voir ici, de l'armée qui est à
présent dans ce voisinage. Il a été malade et commence
à se remettre. Je lui ai encore donné 32 livres pour
l'aider à se refaire et pour achever le reste de sa
campagne. Je songe à faire entrer l'aîné dans les
cadets, comme vous le désirez. Je voudrais bien
aussi deux excellentes pièces de vin de rivière. Je
crois qu'il sera mieux d'en avoir d'Hautvillers que de
nul autre endroit. Ce serait pour moi boire en arrivant
en France, chez moi, comme j'espère obtenir la permission d'y aller. N'y plaignez point l'argent, s'il est
bon et ne feignez point d'y mettre une ou deux pistoles
sur les deux pièces, plus qu'aucun marchand, pour les
avoir excellentes. Je vous prie de les demander de
ma part au Père Prieur d'Hautvillers et à Dom Pierre
Pérignon, procureur du susdit monastère et leur faites
bien mes compliments.

Vous prendrez le soin de me garder ces deux
pièces jusqu'à nouvel ordre de ma part, s'il vous plait,
et me croyez toujours, Monsieur, tout à vous.

Signé : PUYZIEULX.

Voilà qui est clair, voilà qui est affirmatif et qui invoque bien la compétence du célèbre père.

A Huningue, ce 13 décembre 1690.

Je reçois votre lettre du trois. Je vous remercie du soin que vous vous êtes donné pour ces deux pièces de vin d'Hautvillers, que je vous ai demandées. Je suis fort obligé au Révérend Père Prieur et à Dom Pierre Pérignon d'en avoir usé très cela à mon égard, comme ils ont fait. Je vous prie de les en bien remercier de ma part.

Votre fils est en bonne santé (1). J'ai donné à son lieutenant-colonel, M. de Siennes, qui me vint voir ces jours passés, encore quelque écu pour lui distribuer peu à peu, selon ses petits besoins. M. de Siennes m'a dit qu'il était fort content de lui et qu'il deviendrait un jour un bon officier. Je ferai mon pouvoir, cet hiver, pour lui procurer une cornette, s'il y a moyen.

Pour votre jeune fils, je n'ai pas trouvé de voie plus courte pour le faire entrer dans les cadets, que d'en écrire droit à M. de Louvois. Je l'ai fait et vous ferai savoir la réponse que j'en recevrai. Je suis toujours, Monsieur, entièrement à vous.

Signé : PUYSIEULX.

J'attends la séparation de l'armée pour demander mon congé pour aller en France. Je serai fort aise de vous y voir et de vous y assurer de mes petites excuses.

---

(1) Il s'agit de Léger Bertin, cavalier en la compagnie colonelle du sieur de Siennes, au régiment de Duras, fils mineur de Nicolas Bertin, bourgeois d'Epernay.

M. de Puysieulx, qui était en son château de Sillery, fait savoir, par une lettre du 27 mai 1692, à M. Bertin, que ce brevet de cornette pour son fils était arrivé au régiment de Duras.

M. le marquis de Puysieulx, qui fût ambassadeur à Naples, appartenait à la plus haute noblesse de la Champagne.

Lettre de M. de Cramant à Bertin du Rocheret.

A Paris, ce 12 janvier 1699.

Mon cher Monsieur, pour réponse à la vôtre, je vous dirai que je viens de payer d'avance à M. de Bar 66 livres pour les 2 quarteaux de vin que je vous prie de m'envoyer par voiturier sûr, le plus tôt que vous pourrez. A l'égard d'en prendre d'avantage, je n'en suis pas d'avis, en ayant eu de Languedoc.

Je salue Mademoiselle votre épouse et n'ai rien qui ne soit à vous, puisque je suis, mon cher Monsieur, votre très honoré et très obéissant serviteur.

DE CRAMANT.

— Mon adresse est: à Monsieur Choppin de Cramant, intéressé aux Fermes du Roy, rue de la Vannerie à Paris.

Mettez l'estiquet double sur mes caques.

Lettre d'un parent de Bertin du Rocheret, portant le même nom.

J'ai reçu, Monsieur, le caque de vin d'Ay que vous m'avez envoyé. Je l'ai fait remplir aussitôt qu'il a été arrivé et je me gouvernerai suivant le mémoire que

vous avez eu la bonté de me donner ; je ne peux pas
pour le présent me charger de beaucoup de vins. Si
vous aviez la bonté de me choisir quatre quarteaux,
je vous en serais obligé et voudrais en avoir un d'Athis
s'il est bon, cette année, un de Pierry et deux de
Verzenay. Je verrai de vers Pâques ce que les vins
deviendront et ce que j'en aurai besoin. Je ne vous
récris rien sur l'affaire de M. votre frère, parce que
vous devez être présentement informé, mieux que moi,
de ce qui s'est passé. J'ai été chez M. le Président de
Mesme pour le remercier, mais ne l'ayant pas trouvé,
j'y retournerai incessamment.

Je suis, Monsieur, votre très humble et très obéissant
serviteur.

Signé : BERTIN.

A Paris, ce 21 octobre 1699.

Le futur maréchal de Montesquiou n'achetait pas
que du vin à Bertin du Rocheret, ainsi qu'on va s'en
rendre compte :

A Paris, le 10 novembre 1700.

J'ai reçu, Monsieur, celle que vous me faites le
plaisir de m'écrire, au sujet de l'avoine. S'il est vrai
qu'un boisseau d'Epernay en fait deux de Paris et
plus, il n'en faut que 144 pour faire le muid de Paris.
En tout cas, je vous supplie de m'en acheter 8 muids
de mesure de Paris et de me l'envoyer dès que vous le
pourrez, avec un mémoire des frais de voiture et
d'entrée qu'il y aura. Je crois, puisque vous croyez
qu'elle renchérira, qu'il n'y a pas de temps à perdre.
Mandez-moi si je vous enverrai l'argent ou si vous

voulez que je le donne à Paris à quelqu'un. Cela sera
exécuté régulièrement et je vous en serai, Monsieur,
très obligé.

Je vous dirai pour nouvelle que le roi d'Espagne est
mort le 1er de ce mois, qu'il a fait un testament par où
il reconnaît notre feue reine, sa sœur, son héritière et
nomme Monsieur le duc d'Anjou aux couronnes d'Espagne et Monseigneur le duc de Berri a son refus.
Voilà la grande nouvelle du jour et suis, Monsieur,
votre très honoré et très obéissant serviteur.

Signé : ARTAGNAN.

— Ayez la bonté de me mander ce que vaut le plus
excellent vin et le médiocre qui soit pourtant bon.

Les correspondances de ce temps étaient loin d'être
banales, car plus d'une fois elles entretenaient, même
causant affaires, de nouvelles politiques, de théâtre, de
chronique mondaine, etc...

Le 13 novembre 1700, la réponse de Berlin du Rocheret à l'égard des vins, fut celle-ci : « Les bons vins
et plus excellents se vendent 400, 450, 500, 550 livres la
queue, c'est-à-dire 4 caques ou quarteaux de champagne. Les médiocrement bons, qui sont pourtant bons,
se vendent 300 livres, ceux d'après se vendent 150
livres, jusqu'à 200 livres. »

*A M. d'Artagnan, lieutenant général des armées du
roi, en son hôtel rue de Vaugirard.*

—J'omettais de vous dire qu'après ces grands prix de
vins, ceux des religieux d'Hautvillers et de Saint-

Pierre (1) sont de 800 à 900, aussi bien que les premières cuvées de l'abbé de Fonrille.

Voici une lettre de Pierre de Montesquiou d'Artagnan, plus tard maréchal de Montesquiou, lorsqu'il gagna son bâton de maréchal à la bataille de Malplaquet (1709), où il commandait l'aile droite :

A Paris, le 20 décembre 1705.

Je vous prie, Monsieur, de trouver bon que je profite de la continuation de votre amitié en vous priant de me choisir et envoyer, le plus tôt que vous pourrez, deux quarteaux du plus excellent vin de Champagne et une pièce de bon pour l'ordinaire et serai toujours parfaitement, Monsieur, votre très humble et très obéissant serviteur.

Signé : ARTAGNAN.

Comme on va le voir en suivant, le maréchal fut longtemps le client de Bertin du Rocheret, à qui il fit toujours le plus grand compliment de ses vins.

Réponse de Bertin du Rocheret.

Je vous enverrai, aussitôt que la rivière qui est fortement débordée sera praticable, le vin que vous me demandez et vous en serez content; mais comme le meilleur nouveau n'est pas de qualité à être bu à la

(1) Il est question des religieux de Saint-Pierre de Châlons qui avaient des vignes à Pierry, lieu dit *Clos Saint-Pierre* et d'un cru fort estimé. Il reste encore à Pierry des bâtiments de leur ancien vendangeoir. Le Clos St-Pierre existe toujours.

primeure, je croirais que 50 flacons vin vieil, le plus
exquis du royaume que je peux vous fournir, avec 50
autres bons, pourraient vous convenir à la place de
l'un des deux caques que vous voulez avoir.

Je suis, avec respect, etc...

Bertin du Rocheret qui savait vivre, félicite justement, dans la lettre suivante, M. d'Artagnan d'être
arrivé au maréchalat, grâce à ses talents militaires et
à sa valeur.

*Lettre de Bertin du Rocheret à Monseigneur le comte
d'Artagnan, maréchal de France.*

Ce 1er octobre 1709.

Monseigneur, comme il y a longtemps que j'ai
l'honneur d'être votre très dévoué serviteur, j'espère
que vous trouverez bon que je vous témoigne ma joie,
d'apprendre que le roi, accoutumé de faire justice à
ceux qui le servent bien, comme vous avez toujours
fait, vient de vous faire maréchal de France.

Je suis avec respect, Monseigneur, etc...

Plusieurs des lettres qui suivent sont datées du
théâtre de la guerre même, car la bataille de Malplaquet n'avait pas tout terminé.

A Douai, le 10 janvier 1710.

Je vous remercie, Monsieur, de vos compliments
pour la nouvelle année. Je suis bien fâché que vous ne

soyiez point encore payé des 534 livres que je vous dois, car il y a déjà du temps que j'ai donné ordre pour vous payer. Mandez à Madame la Maréchale, à Paris, à qui vous voulez qu'elle fasse remettre cette somme.

Je suis, Monsieur, très parfaitement entièrement à vous.

Signé : ARTAGNAN, maréchal de Montesquiou.

L'argent était très rare à cette époque de grande baisse du génie de Louis XIV et de grande détresse du royaume.

Réponse de Berlin du Rocherel à Madame la maréchale d'Artagnan.

Le 15 janvier 1710.

Madame, Monsieur le Maréchal me marque par sa lettre de Douay, le 10 de ce mois, que vous ferez payer à mon ordre 534 livres qui devraient m'avoir été acquittées il y a déjà longtemps, si on eut exécuté ceux qu'il a donnés et qu'il est faché que cela ne soit pas encore payé. Je vous supplie, Madame, de me faire savoir le temps où je pourrai, sans vous importuner, envoyer recevoir cette somme de laquelle j'ai un besoin pressant, après deux années de stérilité.

Je suis, avec beaucoup de respect, etc...

Il a donc été de tout temps vrai que l'argent est le nerf de la guerre... lisons de tout commerce.

Lettre de la Maréchale de Montesquiou à Bertin du Rocheret.

A Paris, le 18 janvier 1710.

J'ai reçu, Monsieur, la lettre que vous avez pris la peine de m'écrire. Je suis aussi honteuse que M. le Maréchal de Montesquiou, de vous être redevable si longtemps ; mais en vérité personne n'ignore la misère de ce temps-ci et surtout celle des gens qui n'ont que les bienfaits du roi. Je serais trop heureuse si l'on me payait en billon de monnaie.

On m'a fait espérer que je trafiquerai à quelque prix que ce soit pour vous satisfaire. Après cela, je vous dirai que si vous avez, par hasard, quelque occasion de le faire passer, ce serait me soulager extrêmement et vous prie de me le mander et de croire que de quelque façon que ce soit, vous serez payé avant deux mois. Il ne serait plus question de cette dette, sans une banqueroute de 8.000 livres que l'on m'a faite. Ayez la bonté de me mander l'adresse de vos correspondants ici et d'être persuadé de la parfaite reconnaissance que j'ai de votre honnêteté.

Signé : La Maréchale de Montesquiou.

On ne peut qu'admirer la noble franchise de cette grande dame.

Lettre de la maréchale de Montesquiou à Bertin du Rocheret.

Suivant votre dernière, Monsieur, je vois que vous craignez d'être embarassé du billet de monnaie, ce qui me fâche beaucoup. Cependant, Monsieur, si vous

voulez envoyer à la fin du mois de mars, je tâcherai de
vous payer en espèces.

Je suis de tout mon cœur, avec ma reconnaissance,
votre très humble et très obéissante servante.

    Signé : LA MARÉCHALE DE MONTESQUIOU.

    Au camp de Paillencourt, ce 2 octobre 1711.

Je crois, Monsieur, m'être expliqué sur le vin. Je
vous en ai demandé deux queues pour moi et deux
quarteaux pour le comte d'Artagnan, (1) commandant
les mousquetaires. Ces deux quarteaux seront pour
boire dans l'hiver ; les deux queues, il faut que ce soit
pour boire pendant la campagne, jusqu'à la fin. Réglez-
vous sur cela. L'on dit qu'il y en a beaucoup cette
année et qu'il sera à bon marché. Je suis persuadé que
vous ferez pour le mieux.

M. d'Artagnan demande que les deux quarteaux
soient tirés en bouteilles, ajustées de toute façon. Vous
pouvez lui écrire, à Paris, chez M. de Maupertuis,
pour qu'il vous mande où et quand vous lui enverrez.
Mandez-moi, je vous prie aussi, s'il y a un temps plus
propre l'un que l'autre à le tirer en bouteilles et je vous
prie de m'en tirer une queue en bouteilles, quand vous
m'aurez mandé le prix et y joint celui des bouteilles,
je vous en ferai toucher l'argent, soit ici, soit à Paris.

    Signé : LE MARÉCHAL DE MONTESQUIOU.

A laquelle lettre Bertin du Rocheret répondit le
11 novembre 1711 :

Monseigneur, attention faite sur vos ordres, je me

(1) Etait-ce son fils ? En tout cas, c'était son parent.

suis déterminé à trois poinçons de vin le meilleur de Pierry, du prix de 400 livres la queue-ci (600 l.)

Ainsi qu'on vient de le reconnaître plusieurs fois, le cru de Pierry était déjà alors très estimé.

A Marly, ce 8 novembre 1711.

J'ai reçu, Monsieur, votre lettre du dernier août passé, par laquelle je vois que vous avez eu la bonté de me choisir deux caques de vin, suivant la prière que vous en a fait M. le maréchal de Montesquiou ; mais je voudrais fort que ce ne fussent pas des vins si prompts à boire, en un mot je voudrais, quoi qu'il put coûter, deux caques de vin, le meilleur par conséquent.

Je voudrais que vous ne le fissiez tirer en bouteilles que quand la gelée aura donné dessus, parce qu'il peut se conserver longtemps. Enfin, Monsieur, je vous supplie de faire en sorte de m'avoir les deux meilleurs quarteaux qui seront en Champagne. Donnez-m'en, je vous prie, des nouvelles au plus tôt et me croyez très véritablement, Monsieur, votre très humble et très obéissant serviteur.

Signé : ARTAGNAN.

N'avons-nous pas affaire là à un réel connaisseur et à un amphytrion fort soigneux de sa cave ?

A Cambray, ce 9 février 1712.

J'avais compté, Monsieur, de boire de vos vins pendant mon séjour à Paris ; mais il n'y est arrivé que quand j'en suis reparti et je n'ai reçu aucune de vos lettres qui me marque ce que vous avez envoyé à Choisy, ni le prix, ni même à qui il faut le payer, non plus que ce qui vous en reste de ce que je vous ai fait revenir.

Je vous prie, éclaircissez-moi sur tout cela et surtout de ce qui vous reste et quelle voiture il faut que j'envoie pour le faire venir.

Je suis parfaitement, Monsieur, et véritablement entièrement à vous.

Signé : LE MARÉCHAL DE MONTESQUIOU.

Nous sommes gâtés aujourd'hui, si l'on juge des maigres moyens de communication d'alors.

Le vin de Pierry ne baisse pas dans l'estime du maréchal ; il en est de nouveau question dans la lettre suivante. Son prix est marquant aussi.

Lettre de Berlin du Rocherel au maréchal de Montesquiou.

Monseigneur, j'ai eu l'honneur de vous dire, par ma lettre du 26 décembre dernier, adressée à Arras, qu'il serait le mardi suivant remis à Monsieur le Curé de Choisy 100 bouteilles vin vieil de Pierry et un caque de vin tocanne d'Ay, qui lui ont été rendus bien conditionnés, suivant qu'il me l'a écrit. Il vous reste, Monseigneur, ici, des vins que vous m'avez ordonnés, trois poinçons de vin de Pierry à 400 livres queue et un poinçon à 250 livres queue. Ce poinçon doit être mis en bouteilles dans le commencement du prochain,

pour faire vin mousseux, comme vous l'avez souhaité.
Si en voulez plus grande quantité pour mousser et
même à meilleur marché de 100 livres par queue, je
peux facilement satisfaire à vos ordres.

Les 100 bouteilles, panier, empaillage et
charroi au bateau . . . .   206 l. 10 s.

Le caque tocanne d'Ay, soutirage, rem-
pliage, emballage et charroi au bateau   83 l. 10 s.

Les 3 poinçons à 400 livres queue . . . .   600 l.

Il faut les soutirer, remplir et barer . .   20 l.

Le poinçon à 250 livres queue . . . . .   125 l.

200 bouteilles . . . .   30 l.

200 bouchons . . . .   3 l.

2 paniers et empaillage . . . .   8 l.

Pour le tirer en bouteilles, ficelage et cachet . . . .   3 l.

                                            1079 l.

Si vous voulez, Monseigneur, tirer ce vin à Cambray,
faire le pouvez par les rouliers de Reims ou par les
rouliers de Gouzacourt en Artois, près Cambray. J'en
ai nouvellement envoyé à Messieurs Bougenier et Cam-
bronne à Cambray par le sieur Cany, roulier de Gouzacourt, qui est un honnête homme.

Je suis avec respect, Monseigneur, etc.

                    Signé : BERTIN DU ROCHERET.

Ce 15 février 1712 à Epernay.

Le détail du mémoire envoyé par Bertin du Rocheret,
est assurément instructif, quant à l'évaluation des
choses.

Lettre du comte d'Artagnan à Berlin du Rocheret.

A Paris, ce 10 octobre 1712.

J'ai reçu votre lettre par laquelle je vois que vous m'avez envoyé 95 flacons de vin à la Ferté-sous-Jouarre. je l'enverrai quérir incessamment. Il me fait d'autant plus de plaisir que j'espère qu'il sera excellent. Je paierai à lettre à Monsieur Dufour la somme de 135 livres, pour le prix dudit vin, comme vous me mandez.

A l'égard des quatre quarteaux que je vous ai prié de m'acheter et de mettre dans votre cave, je compte que c'est pour le boire dans le mois de mai, juin juillet, août, septembre et octobre à l'armée, si tant est que nous y allions encore l'année prochaine. Si non, je le boirai ici ou à la campagne, en Brie, s'il n'y a pas de guerre. C'est pourquoi, Monsieur, je vous prie que ce soit tout du meilleur qu'il se pourra trouver, n'épargnez rien, je vous prie, pour cela, vous n'aurez qu'à tirer sur moi pour le payer et je payerai vos lettres de change à lettre vue. Il n'est pas possible que le vin de Champagne ne soit excellent cette année. Je fais grand cas de celui d'Hautvillers.

Je suis très véritablement, Monsieur, votre très humble et très obéissant serviteur.

Signé : ARTAGNAN.

Comment Berlin de Rocheret n'aurait-il pas admirablement servi un client d'un pareil rang et si accommodant sur le prix?

Nouvelle Lettre du comte d'Artagnan :

À Paris, le 21 Novembre 1712

J'ai reçu le vin que vous m'avez envoyé à la campagne où j'ai été quelque temps.

Cela a retardé, Monsieur, votre programme de quelques jours. Les bouteilles cachetées à deux étoiles, il s'en faut bien qu'il ne soit si bon que celui qui est marqué à la crosse.

Comme il n'y en a que 35 bouteilles, il faut espérer qu'il se raccommodera dans les bouteilles. Celui marqué à la crosse me paraît bon.

Je compte toujours que vous aurez la bonté de me choisir quatre quarteaux du meilleur vin qui existe en Champagne et que vous aurez fait mettre dans votre cellier. Mandez-moi, je vous prie, à combien ils me reviendront et, quand vous voudrez, vous pourrez tirer sur moi, pour le payement, j'acquitterai avec soin vos lettres de change. Je compte que vous voudrez bien me faire le plaisir de le garder dans votre cellier, car comme je vous ai déjà mandé, j'ai destiné ce vin pour la campagne si tant est que la paix ne soit pas faite et si elle se fait, comme il y a tout lieu de l'espérer, je le ferai venir en bouteilles. Je crois que c'est le plus sûr moyen, pour avoir du bon vin. En revanche de tous vos soins, je voudrais trouver quelque occasion de vous être bon à quelque chose.

Un de mes amis voudrait bien en avoir aussi quatre quarteaux tout du meilleur, sans y épargner l'argent ; mandez-moi, je vous prie, si vous pourriez me faire le plaisir de lui en faire avoir et mandez-moi le prix;

pour qu'il se détermine et de quel terroir vous comptez pouvoir les avoir, aussi bien que des miens. De vos nouvelles sur cela et me croyez très véritablement, Monsieur, votre très humble et très obéissant serviteur.

Signé : ARTAGNAN.

On le voit, la vogue du vin de Champagne ne diminue pas chez M. le comte d'Artagnan.

Réponse de Berlin du Rocheret à Monsieur d'Artagnan.

Ce 28 Novembre 1712.

Monsieur, j'aurai l'honneur de vous dire, en réponse de la vôtre du 21 courant, que les bouteilles cachetées à des étoiles sont d'un bon vin de Pierry, celles cachetées à la crosse sont du père Perignon, pareilles à 50 qu'avez eues de mon premier envoi.

Vous pouvez, Monsieur, compter sur 4 caques du plus excellent vin de Pierry, que je vous ai fait faire exprès et dont les sieurs Darlus, Fresty et Cuvion, marchands de vin de Paris, ont offert 500 livres queue à prendre les poinçons de la cuvée pareille qu'ils n'ont pas eue et qui est estimée à 520 livres queue, c'est donc le prix de vos quatre caques.

Le mauvais état (avant la vendange) de beaucoup de vignes dans le terroir d'Hautvillers, m'empêche de me pourvoir chez le Père Pérignon, qui pourtant a réussi dans sa première cuvée, laquelle était de 12 poinçons six caques, qu'il a vendus avec deux autres cuvées de pareille quantité chacune, dont une très médiocre,

4

500 livres queue.. Ceux qui n'ont pas que de la première, l'ont payée 750 livres. Je peux Monsieur vous
assurer que le vin fait à l'occasion de vos 4 caques,
a plus de qualité et si Monsieur votre ami en veut plus,
il ne saurait mieux adresser.

Je suis très parfaitement, etc... .

Toujours d'actives négociations entre M. le comte
d'Artagnan et Bertin de Rocheret.

Lettre du comte d'Artagnan à Bertin de Rocheret.

J'ai vu par la lettre que vous avez écrite après
comme vous m'aviez gardé 4 caques de vin pour moi
et un pour un de mes amis, je vous en avais encore
demandé, Monsieur, quatre autres caques pour Monsieur de Hessy, lieutenant général, fort de mes amis et
frère de Monsieur Reynald, colonel des gardes-suisses.
Je me suis chargé de lui faire avoir le meilleur vin
qui fut en Champagne, par votre moyen. C'est pourquoi
Monsieur, je vous prie de me mettre en état de lui tenir
ma parole.

Je crois qu'il veut que vous ayiez la bonté de garder
son vin dans votre cellier, jusque à ce qu'il soit en
état de le tirer en bouteilles, pour qu'il n'y ait rien de
changé et qu'il soit sûr d'avoir de bon vin.

Il est comme moi, qu'il ne veut rien épargner pour
avoir le meilleur vin de Champagne qu'on puisse boire.

L'ami, pour qui je demande un quarteau, m'a prié
de le faire venir dès que vous le trouverez bien en
état pour cela. C'est pourquoi je vous prie de me

mander, quand vous croirez pouvoir l'envoyer. Je crois que les gelées qu'il a faites et qu'il pourra faire accommoderont bien vos vins.

A l'égard de faire mousser mon vin, bien des gens assurent qu'il mousse, je n'en serais pas fâché, pourvu qu'il n'en diminue rien de sa qualité, car par préférence je veux d'excellent vin et qu'il soit bien, clair fin, car quand il revient d'un air trouble et qu'il n'a pas de brillant, je n'en donnerais pas un sol, m'étant impossible d'en voir, s'il n'est pas bien clair fin. Si vous en faites mousser, il y en aura assez d'en faire mousser deux pièces pour moi et deux à mon ami. Il se pourra même faire que nous en partagerons un quarteau, à mesure qu'il arrivera.

Je ferai honneur à votre lettre de change, vous devez compter là-dessus et que je serais ravi de trouver quelque occasion à vous faire plaisir et me croyez très-véritablement, Monsieur, etc.......

Signé : ARTAGNAN.

Voici une lettre curieuse en ce qu'elle traite des vins de Champagne exclusivement au point de vue médical.

Lettre de Monsieur Jacques de Reims, médecin du Roy, d'Epernay, à Monsieur Helvetius, conseiller d'Etat, médecin ordinaire du Roi et premier médecin de la Reine, sur la salubrité des vins blancs de Champagne. (Sans date).

Monseigneur,

Dans la question qui m'a été proposée par un de mes confrères de la Faculté de Paris, au sujet des rhumes fréquents, longs et opiniâtres et presque universels dans le royaume ; quoique le froid n'y ait pas été excessif cette année, je croirais trop présumer de mes faibles connaissances, si je ne soumettais mes sentiments à la supériorité des vôtres.

C'est une justice que je me rends et que je crois, avec toute l'Europe, devoir rendre à vos lumières, dont le Roi n'a pas cru pouvoir mieux égaler la sublimité qu'en honorant votre grandeur d'une dignité, que personne de vos prédécesseurs n'avait encore pu obtenir. Une distinction si première et si éminente, justifie les suffrages publics et l'applaudissement général les canonise.

Nous ne pouvons douter que la cause et l'origine de ces maladies n'aient été occasionnées par les pluies abondantes et les vents impétueux de l'automne, lesquels ont rendu l'air trop froid et trop humide : Car les débordements des rivières ont empêché la libre circulation et la transpiration des corps, et relâché les nerfs et les fibres des vaisseaux sanguins et lymphatiques, qui ayant perdu une partie de leur force élastique, se sont gonflés et n'ont pu entretenir la libre circulation du sang et des humeurs. De là sont venus les catarrhes suffocants, les apoplexies, paralysies et morts subites, ou au moins les enchifrènements, enrouements et rhumes de poitrine, accompagnés de fièvres presque toujours violentes.

La Champagne, quoique d'un terrain assez sec, a ressenti également les mauvaises influences de l'intempérie de l'air : et presque tous ses habitants et particulièrement ceux de la rivière de Marne ont été attaqués de ces différents rhumes, sans qu'il en soit mort aucun, ni qu'ils aient eu recours à d'autre remède que de se tenir chaudement, buvant à l'ordinaire leur vin blanc non mousseux, qui, par sa chaleur tempérée et sa grande légèreté, a rendu au sang et aux humeurs leur première fluidité, en en diminuant le volume par la transpiration comme par les urines.

On a remarqué dans la même province, que les particuliers, qui ne boivent que du vin rouge ont été beaucoup plus maltraités et qu'il en est mort plusieurs, ce que je n'ai pas de peine à attribuer à ce que tout vin rouge se trouvant chargé de sels âcres et austères de la grappe et des pépins du raisin, dessert la poitrine et le bas ventre, épaissit la masse du sang, diminue la transpiration, empêche l'écoulement des urines et par conséquent la libre circulation du sang et des humeurs, en quoi consiste la vie et la santé.

Ces principes posés et appuyés sur l'expérience, il est certain que le bon vin de Champagne blanc, non mousseux, bu avec modération dans sa maturité et trempé avec plus ou moins d'eau, est la liqueur la plus propre, pour conserver la santé et le seul vin qui puisse être toléré, où même conseillé dans plusieurs maladies

Nous ne pouvons donc nous empêcher de nous élever contre l'opinion de certains esprits qui, à seul titre de prévention, affectent de la faire passer pour une liqueur dangereuse et capable de causer la pierre et la gravelle, la goutte et le rhumatisme.

Ces sortes de maladies ne sont connues en Champagne que par le désordre qu'elles causent chez nos voisins. On n'y connaît de la goutte que le nom et à peine sait-on ce que c'est que la pierre. Cette espèce de paradoxe n'a rien qui doive surprendre votre Grandeur, puisqu'il est de fait qu'on ne trouve pas à 10 lieues, en remontant ou descendant la rivière, dix personnes qui en soient même atteintes. J'ose même ajouter que la chaleur tempérée de ce vin blanc ou gris non mousseux et sa grande légèreté sont les deux moyens les plus spécifiques, pour conserver la fluidité des liqueurs et la vertu motrice des fibres, dont nos corps sont composés ; au lieu que le vin rouge ne peut faire qu'un effet tout contraire puisque c'est une liqueur pesante, dépouillée et désarmée de ses produits les plus volatiles et chargée d'une trop grande quantité de tartre et de soufres grossiers, exaltés seulement par la fermentation qui s'en fait dans la cave avec les pépins et la grappe de raisin.

Un autre abus, également dangereux, c'est que l'on s'efforce aujourd'hui de persuader le public que le vin est une boisson pernicieuse et que l'eau seule est propre pour faciliter la digestion et conserver la santé. C'est ne vouloir pas faire attention, qu'un fréquent usage d'eau pure, refroidit et relâche trop les fibres de l'estomac et des parties nutritives, précipite la digestion et porte dans la masse du sang un chyle cru et glaireux, qui en ralentit le mouvement. D'où procèdent une infinité d'humeurs froides, de maladies supureuses et de morts subites qui ravagent les villes, encore plus que les provinces, parce que l'air y est moins pur et que les habitants des villes y mènent une vie plus sédentaire, qu'à cause de la campagne.

Ce qu'on éviterait sûrement, si on ne buvait que du

vin clairet bien mûr, plus ou moins trempé d'eau, à l'exemple de nos ancêtres.

Je suis, avec une parfaite soumission à votre décision et un profond respect, Monseigneur, de Votre grandeur le très humble et très obéissent serviteur.

Signé : DE REIMS.

La lettre qui précède est rendue doublement intéressante, par une note qu'y ajouta Philippe Valentin Bertin du Rocheret. Cette note mentionne ce qui suit :

Monsieur le Président Bertin du Rocheret d'Epernay, neveu de l'auteur, eut l'occasion de faire usage de cette lettre. Etant à table chez Monsieur l'abbé Bignon, avec M. Camille Falconnet, docteur en médecine de la Faculté de Paris et la conversation étant tombée sur cette matière, parce que Monsieur l'Abbé faisait son ordinaire de vin blanc de Champagne, ce célèbre médecin, alors octogénaire, dit que c'était par son conseil, qu'il ne le lui avait donné que parce qu'il l'avaît pris pour soi-même et qu'il l'exhortait à ne jamais faire usage d'autre boisson : parce que le vin blanc ou clairet de Champagne, fait avec nos raisins bien noirs et bien mûrs, était véritablement comme l'avait très bien remarqué St-Evremond, plus dégagé de parties nitreuses et grossières et plus épuré de toute senteur de terroir, par conséquent plus propre à triturer, broyer et délayer les nourritures et à les charrier et voiturer : Et qu'il décidait hardiment que ce vin ayant acquis une parfaite maturité dans le tonneau, et pris modérément, plus ou moins trempé d'eau, relativement au tempérament et à l'âge, était la boisson la plus salubre pour entretenir et perpétuer la santé de l'homme. Cet illustre abbé en a fait une longue et heureuse expérience.

Lettre du comte d'Artagnan à Bertin du Rocheret.

A Paris, ce 9 avril 1713.

Je reçois votre lettre, Monsieur, et vous suis très obligé de tous les soins que vous prenez pour me faire avoir de bon vin.

Je crois que vous pourrez, quand il vous plaira, envoyer un quarteau à M. de Hessy et celui pour mon ami M. de Castellas en droiture à Paris.

Adressez celui de Monsieur de Hessy à Monsieur de Hessy, lieutenant général des armées du Roy, rue Royale, Butte-St-Roch, à Paris et celui de Monsieur de Castellas à Monsieur de Castellas, lieutenant général des armées du Roy et lieutenant colonel du régiment des gardes Suisses, rue St-Honoré, près la place Vendôme à Paris. Pour moi, je ne vous en demande pas encore, car je le ferai venir en droiture à la Ferté ; mais les-chemins sont si mauvais de la Ferté à Maupertuis, que je veux attendre encore quelque jours.

Je tâcherai pourtant après Pâques, s'il est possible, de vous mander de m'en envoyer, car je dois en envoyer trois douzaines de bouteilles en Provence, de celui qui n'est pas le premier prompt à boire. Vous pourrez, si vous voulez, envoyer un essai de celui que vous avez fait faire conforme à celui du père Pérignon avec celui de M. de Hessy ; mandez-moi à même temps combien les frais coûteront jusques à Paris, pour que je les fasse payer à mesure à qui vous me manderez.

J'ai déjà payé, comme vous savez, le prix de mon vin et celui de M. de Castellas. Il n'y aura que celui de Monsieur de Hessy à payer, qu'on paiera à mesure ou quand vous en aurez besoin ; en m'envoyant le mémoire des frais des 2 caques que vous allez envoyer, man-dez-moi combien j'ai payé pour la caque de Monsieur de Castellas, afin que j'en retire l'argent. Je suis per-suadé que nous boirons d'excellents vins. Je voudrais trouver quelque occasion pour vous marquer combien je suis, Monsieur, votre très honoré, etc...

Signé : ARTAGNAN.

On voit une fois de plus, dans cette lettre, combien l'autorité et la compétence de dom Pérignon sont in-voquées.

Lettre du comte d'Artagnan à Bertin du Rocheret.

Au camp devant Fribourg, ce 8 Octobre 1713. Comme je compte de partir de ce pays-ci, dès que le siège de Fribourg sera fini, qui je crois ne durera pas longtemps, cela fait que je vous prie, Monsieur, de vouloir me faire mettre nos deux caques de vin en bouteilles, s'ils n'y sont pas déjà et de me les envoyer, en les adressant à la même adresse, à la Ferté-sous-Jouarre. J'ai été fort content du quarteau, que j'ai employé ici, dont tout le monde a été fort content. Je crois que c'était un des meilleurs qu'il y eut à l'armée Je ne saurais trop vous remercier de tous les soins que voulez bien prendre pour moi. Je voudrais, en revan-che, vous être bon à quelque chose, étant très vérita-blement, Monsieur, etc...

Signé : ARTAGNAN.

Il faudra, s'il vous plaît, donner avis du jour que le vin arrivera à la Ferté, à Madame de Maupertuis, aux Tournelles-en-Brie près Farmontiers, pour qu'elle ordonne de l'envoyer chercher.

— Dans sa lettre en réponse (17 octobre 1713), Bertin du Rocheret dit que le vin de cette année sera très bon, mais en petite quantité.

Le vin de Champagne apprécié de MM. les Officiers de ce temps, quelle plus jolie réclame!

Lettre de M. le comte d'Artagnan à Bertin du Rocheret.

Au camp de Fribourg, ce 25 octobre 1713.

J'ai reçu avec grand plaisir, Monsieur, votre lettre par laquelle je vois combien j'ai eu tort et le sieur Duffaux, de demander que vous fassiez tirer mes quarteaux de vin, pour qu'il pût mousser ; c'est une mode qui règne partout, surtout à la jeunesse ; mais je suis ravi de tout ce que vous me mandez sur le moussage. Je vous promets dorénavant de ne point vous en parler davantage, car pour moi, en mon particulier, je m'en soucie fort peu ; mais je veux qu'il soit clair fin et qu'il ait beaucoup de parfum de Champagne. Ne pourriez-vous pas me faire avoir un quarteau de vin vieux, qui fut excellent, avec toutes les qualités que vous me mandez par vos lettres ?

Faites-moi réponse là-dessus. Vous savez combien peu je me soucie du prix, pourvu qu'il soit bon.

Je suis fort aise qu'il y ait du bon vin cette année. Je vous prie de m'en faire avoir quatre quarteaux, tout du meilleur.

Mandez-moi à peu près combien il vous coûtera cette année. N'oubliez pas le quarteau de vieux que je vous demande ci-dessus ; je compte que vous m'aurez mandé à la Ferté, celui que j'ai été cause que vous avez mis en bouteilles, il y a longtemps. J'espère qu'il sera conservé. Adressez-moi vos lettres à Paris et me croyez toujours à vous, Monsieur, votre très-humble et très obéissant serviteur.

Signé : ARTAGNAN.

Mais en vérité, le vin de Champagne qui mousse, doit aussi bien plaire à la vieillesse qu'à la jeunesse, puisqu'il est lui-même, par ses effets, un rajeunisseur.

Réponse de Berlin du Rocheret, faisant allusion à la lettre ci-dessus.

« Le bon vin de Champagne doit être clair fin, pétiller dans le verre et fleurer ce qu'on appelle le bon goût qu'il n'a jamais, quand il mousse ; mais bien un goût de travail et de vendange, aussi ne mousse-t-il qu'à cause qu'il travaille ? »

Berlin du Rocheret laisse bien percer un peu, tout comme M. d'Artagnan, que le vin qui mousse n'a pas absolument sa préférence.

Lettre du comte d'Artagnan à Berlin du Rocheret.

Maupertuis-en-Brie, ce 5 Décembre 1713.

Madame de Maupertuis m'a dit qu'elle avait reçu une lettre de vous pour-moi, qu'elle avait ouvert et l'a perdue ; elle m'a dit, Monsieur, que vous me mandiez qu'il vous restait 30 ou 60 bouteilles de vin, comme celui que je viens de recevoir de vous, qui est excellent, et quoiqu'il coûte 3 livres la bouteille, je vous prie de vouloir bien me le garder, pour me l'envoyer, dès que je vous le manderai.

Je vous prie aussi de songer aux quatre quarteaux de vin que je vous ai demandés, et comme vous savez, tout de meilleur.

J'en dois donner deux quarteaux à M. de Puységur, comme je crois vous l'avoir déjà mandé, qui est mon ami particulier et qu'il veut du meilleur, quoiqu'il coûte ; nous sommes dans le même principe, lui et moi. Je vous prie, faites-moi réponse à Paris où je serai, le 12 de ce mois, et soyez bien persuadé qu'on ne peut être plus véritablement, etc...

Signé : ARTAGNAN.

— J'ai trouvé ici deux bouteilles de vin de reste que vous m'aviez envoyé l'année passée, marqué à la crosse que j'ai trouvé d'une bonté infinie, voilà un froid qui accommode le vin dans les celliers, dont je suis bien aise.

À Paris, 16 décembre 1713, nouvelle commande du Maréchal de Montesquiou, de 3 quarteaux du meilleur.

Le plus solide client, entre le comte d'Artagnan et le maréchal de Montesquiou, est encore le premier. Qu'on en juge à nouveau.

Lettre du comte d'Artagnan à Berlin du Rocheret.

A Paris, ce 9 novembre 1715.

J'ai reçu, Monsieur, le vin que vous m'avez fait le plaisir de m'envoyer. Sur quoi je vous dirai qu'il n'est pas si bon que le précédent, ayant fort peu de parfum ; j'espère qu'il s'accommodera dans les bouteilles et qu'il ne sera pas si vert ; j'avais toujours compté n'avoir que deux quarteaux de vin, vous ayant mandé de bonne heure qu'il ne m'en fallait que deux. Je vous prie, ne m'en faites avoir de celui de cette année que Perez vous a mandé ; mais mettez la main au bon endroit, pour que je soutienne toujours le plaisir que j'ai qu'on boive chez moi le meilleur vin de Champagne. M. le marquis de Puysieulx, qui arriva hier, m'a dit que M. de Châlons avait vendu une partie de son vin à 700 francs et que le Père Pérignon était mort ; qui a fait bien parler de lui durant sa vie ; je voudrais bien que vous eussiez pensé à moi sur les premiers vins de cette abbaye ; car, franchement, ce sont les meilleurs. Je serai ravi de voir Monsieur votre fils ; mais je ne sais si je pourrai acquitter à lettre vue l'argent de votre vin ; car les espèces sont si rares en ce pays, qu'on n'y comprend rien ; mais vous pouvez compter que je ferai de mon mieux pour qu'il soit content et que je suis très véritablement, etc...

Signé : ARTAGNAN.

Il me reste encore quelques bouteilles de vin de l'année passée, qui est très bon et celui du cachet noir est excellentissime.

Qu'on pèse bien cette phrase consacrant la haute et incontestable réputation de dom Pérignon, à propos de sa mort : « Qui a fait bien parler de lui durant sa vie. »

Lettre de Bertin du Rocheret à M. Darboulin.

Ce 21 février 1716, à Epernay.

Monsieur, j'ai l'honneur de la vôtre du 17 courant, par laquelle vous m'ordonnez le soutirage de vos quinze poinçons d'Hautvillers, de la manière que je me l'étais proposé, ensuite les faire emballer et vous les envoyer par nos rouliers à Sèvres, sous le nom de M. le comte de Toulouse. C'est, Monsieur, à quoi je donnerai mes soins avec plaisir. Vous me faites naître un scrupule sur le charroi du vin que vous ne croyez pas devoir faire, sans être soutiré, parce qu'il est collé. J'ai jusqu'à présent été dans l'ignorance sur ce fait et j'ai de la peine à me rendre à votre avis, parce qu'autrefois M. votre père a fait coller quelques vins, en les mettant dans le bateau, et ce dans un temps où nous ne connaissions pas le soutirage, quoique pourtant nos grands-pères l'eussent mis en pratique, car il s'est trouvé chez mon grand-père Bertin, fameux commission..re à Reims, un soufflet à soutirer et un boyau. Si vous n'aviez, Monsieur, pas de répugnance pour le charroi de vos vins d'Hautvillers, à cause qu'ils sont collés, je persisterai à vous dire qu'ils se trouveraient meilleurs après ce travail, à quoi j'ajoute que comme ils ont un peu de liqueur, les sels qui résident dans la lie peuvent mieux que le soutirage leur

feire passer la petite liqueur qu'ils ont. Je me recommande à la première répartition que vous ferez des
premiers fonds qui vous rentreront, car j'ai besoin et
j'ai l'honneur d'être très parfaitement, Monsieur,
votre etc...

Signé : BERTIN DU ROCHERET.

A M. Darboulin.

Lettre du comte d'Artagnan à Bertin du Rocheret.

Ce 6 juin 1716.

Je ne vous ai rien dit, Monsieur, sur le vin que vous
m'avez envoyé. Vous m'aviez mandé que ce serait le
meilleur vin de Champagne : mais je vous dirai à ma
hônte ou à mon mauvais goût qu'il s'en faut bien que
le trouve si bon. La couleur en est fausse et liquo-
reuse. Je croyais que quand il aurait reposé à la cave,
que la liqueur s'en perdrait et qu'il pourrait tourner en
sève. Je lui donnerai tout le temps de se raccommoder,
tant qu'il sera comme cela, je n'en boirai point du tout;
vous savez que je le fais venir en bouteilles pour être
sûr que, venant de votre choix, j'aurai toujours le
meilleur de Champagne et je suis fort honteux quand
cela ne se trouve pas de même ; je suis bien trompé,
si ce n'est du vin de Cumières, car il en a fort la couleur. Comme il m'en faut fort peu, vous savez que je
n'épargne pas d'y mettre l'argent et je ne dis mot
quoiqu'il coûte, j'en ai vu d'Hautvillers qui était excellentissime. Mandez-moi, je vous prie, si vous
croyez que celui que j'ai puisse se tourner en sève et

s'il restera toujours liquoreux, ce qui serait fort triste pour moi. Croyez-moi toujours très véritablement, etc...

Signé : ARTAGNAN.

Bertin du Rocheret va défendre chaleureusement son vin aux yeux de M. d'Artagnan.

Réponse de Bertin du Rocheret.

Ce 10 juin 1716.

Monsieur, je suis très fâché que l'excellent vin que je vous ai envoyé ne se trouve pas à présent en état de vous faire plaisir, et à moi honneur. Il n'est pas de Cumières, mais bien de Pierry et d'Hautvillers, avec un peu d'Ay, dans tout ce qu'il y a de plus fin. Je suis toujours prévenu pour sa bonté très distinguée, ayant joint à un grand fond de vin beaucoup de finesse et de légèreté, qui sont des qualités lesquelles ne sympathisent guère ensemble. Je lui trouve comme vous, Monsieur, un brin de liqueur qu'il n'aurait pas si on eut attendu pour le tirer en bouteille, dans laquelle ce peu de liqueur passera et tournera en sève.

A l'égard de la couleur qu'il doit avoir parfaitement belle, il se peut que le commencement de sa fermentation pour mousser, la brouille et l'embarrasse ; mais lorsqu'il moussera et reprendra son clair fin dans le verre, vous la trouverez belle.

Je suis avec un parfait attachement, etc...

Comme quoi la lettre suivante prouve combien Bertin du Rocheret avait raison :

A Paris, ce 2 août 1716.

Monsieur d'Artagnan m'a ordonné, Monsieur, de vous écrire pour vous faire des excuses de sa part par le reproche qu'il vous avait fait, que le vin que vous lui avez envoyé dernièrement, n'était pas bon.

J'aurai l'honneur de vous dire qu'on le trouve excellent ; à la vérité, au commencement, on lui trouvait un peu de liqueur ; mais elle s'est bien tournée et on le trouve si bon qu'il n'en a presque plus, car il l'envoye à tout le monde pour leur faire goûter. Vous voyez par là qu'il veut augmenter votre bonne réputation. Il vous prie de vouloir bien, quand vous le trouverez à propos et que vous jugerez qu'il sera temps, de lui faire mettre en bouteilles la coque que vous conservez pour lui. Il vous en sera très obligé et vous assure bien de ses compliments.

J'ai l'honneur, etc.

Signé : PÉREZ.

Ce 30 octobre 1719, à Marsat.

Persuadé que je suis, mon cher Monsieur, de votre amitié et du penchant que vous avez de faire plaisir à vos amis et de votre intelligence, je m'adresse à vous pour vous prier de me mander le plus tôt que vous pourrez si l'on pourrait avoir 10.000 plantes de vignes des villages voisins d'Epernay. Combien coûtera le millier pris à Epernay ? C'est pour une personne de la première considération de ce pays, qui veut

5

faire planter une vigne du plant de Champagne
de raisins noirs. Comme la quantité que l'on demande
ne laisse pas d'être considérable et que je crains
qu'elle ne se trouve pas dans une année, je vous prie
de me mander quelle quantité l'on pourra en avoir
présentement. L'on enverrait une voiture pour les
prendre. Cependant il ne faudra rien faire arracher,
que je ne vous mande le temps et que je n'aie reçu de
vos nouvelles. Je vous recommande vos soins pour
contribuer à la vente de nos vins. Si vous avez goûté
le mien à Mareuil, vous me ferez le plaisir de me
mander comment vous avez trouvé la première et la
deuxième cuvée, et sa qualité avec votre franchise
ordinaire et le prix des vins de sa qualité. Je continue
d'être sans réserve, mon cher Monsieur, et avec un
parfait attachement, votre très humble et très obéissant
serviteur.

                              Signé : TRUSSON.

*Lettre de M. de Puysieulx, marquis de Sillery, à Ber-
tin du Rocheret.*

                    À Paris, le 26 novembre 1719.

J'attends avec impatience, Monsieur, les cinq quarteaux de vin blanc que vous avez eu la bonté de retenir. Deux pour M. le duc de la Rochefoucault, rue de
Seine. Et trois pour moi, à l'hôtel de Sillery, sur le
quai des Quatre-Nations. Vous aurez la bonté de me
faire savoir, en même temps, ce que je vous devrai
pour cette petite commission, afin que je donne ordre
à votre paiement. Le plutôt que vous pourrez m'en-

voyer lesdits cinq quarteaux, sera le meilleur. Nous attendons tout après, pour mettre le nez dedans.

Je suis toujours, Monsieur, plus véritablement que personne du monde, tout vôtre et entièrement à votre service.

Signé : SILLERY.

Bertin du Rocheret répond qu'ils partiront demain par le bateau d'un marinier de Bisseuil : « il y en a trois de la veuve Victor Piétremant de Cumières remplis à très fond, les broquerets rasés, marqués de Rouanne..., avec des estiquets à votre adresse. Deux de M. le baron de Moslins, remplis à très fond, les broquerets rasés, marqués de rouanne .. avec des estiquets à l'adresse de M. le duc de la Rochefoucauld. »

Lettre de M. de Francheville, général d'infanterie du roi de Pologne, à Bertin du Rocheret.

Monsieur, un de mes amis voudrait bien avoir deux caques de bon vin ; savoir : un caque du meilleur d'Ay et un autre des plus fins de vos environs, soit de la vallée ou autre, pourvu qu'il soit fin, bon et pas beaucoup de vert. Il faut que le tout soit mis en bouteilles, bien empaqueté et bouché, de manière que la gelée ne puisse pas prendre dessus.

Comme je pars dans deux ou trois jours pour Varsovie, et que votre réponse ne me trouvera plus à Francfort, vous pouvez adresser lesdits deux caques de vin à M. de Romerskenhen, Résident de Son Altesse Electorale de Bavière, et lui faire savoir en

même temps, si vous voulez qu'il donne l'argent audit
Francfort, à Strasbourg, ou en quel endroit vous
voulez le recevoir. J'espère, Monsieur, que vous voudrez bien, à mon instance, faire cette commission
pour mondit Romerskenhen, qui peut, dans la suite,
vous faire faire un débit considérable. Il faut que vous
lui fassiez, s'il vous plaît, réponse en lui mandant que
je vous ai prié de lui écrire à lui-même, attendu que
je ne peux pas être à Francfort à l'arrivée de votre
réponse.

Envoyez-lui aussi, Monsieur, un mémoire de ce que
coûte le vin et les frais ; et surtout qu'il soit bon, parce
que c'est moi qui lui ai dit qu'il n'en pouvait avoir de
meilleur que de votre choix et de votre goût, et que
dans la suite vous pourrez en faire un débit considérable pour ce pays allemand.

Je vous souhaite toutes sortes de prospérités dans
cette nouvelle année. Je vous prie d'être toujours de
mes amis et de me croire comme je l'ai toujours été,
c'est-à-dire avec beaucoup d'estime, Monsieur, votre
très humble et très obéissant serviteur.

Signé : FRANCHEVILLE,
Général d'Infanterie du roi de Pologne.

— Je compte de vous voir à Epernay au mois de
juin prochain où je passerai pour Paris.

Je me suis trompé, Monsieur, quand je vous ai demandé deux caques, il en faut quatre, ainsi que M. le
Résident vient de me le dire. Un de ces deux derniers
caques serait bien à propos, si l'on pouvait en avoir
un d'un vin qui emplisse la bouche. Vous savez mieux

que moi ce que c'est qu'un vin plein de vin et œil de perdrix. C'est comme cela qu'on le désire. Faites-moi honneur sur l'adresse.

M. de Francheville, vient de prouver qu'il était un parfait connaisseur et qu'il n'y avait pas à lui en imposer.

Lettre de M. de Romerskenhen à Berlin du Rocheret.

Vous voyez, Monsieur, que je profite de la bonté de M. le général de Francheville, et de l'occasion de vous faire l'offre de mes services bien humbles de ces quartiers, dans lesquels nous ne manquerons point de vin. Mais comme j'ai l'honneur d'être à l'Electeur de Cologne et de Bavière, et à l'Evêque de Munster, vous jugerez bien que c'est pour faire un échantillon pour cent louis, dont il n'y aura que vous qui profitera si le prix et la qualité secondent mes intentions, étant d'ailleurs, Monsieur, votre très humble et très obéissant serviteur.

Signé : ROMERSKENHEN.

Ce 30 décembre 1719, à Fforth.

Au tour de deux lettres pleines d'esprit, de charme et de bonne humeur, écrites par l'abbé Bignon, doyen des Conseils et grand-maître de la Bibliothèque du Roi, mort en son château qu'il fit bâtir dans l'Ile de Saint-Côme, sous le pont de Meulan, le 14 mars 1743, âgé de 81 ans, ainsi que d'une troisième due à Pierre Roger, natif d'Ay, procureur au Châtelet, secrétaire de Armand-Jérôme Bignon, avocat-général du grand-

Conseil, neveu de l'abbé. Ces lettres sont adressées à
Philippe-Valentin Bertin du Rocheret :

A Paris, le 22 janvier 1734.

Vous me donnez si bon exemple, Monsieur, que je
succombe à la tentation de vous écrire d'un air plus
badin que la dernière fois. Je me garderai bien d'être
en lice avec vous; et vous laissant les gracieux mo-
dèles que vous me citez, je me contente de vous dire
qu'au lieu de penser que vous ayiez appris à leur
école tant de jolies choses, j'aime mieux m'imaginer
que vous ne le devez qu'à la richesse et qu'au fond de
vos caves. Je sais ce que le divin jus de la treille peut
inspirer; et sur ce principe, je vous avouerai que vos
deux premières pages m'ont annoncé d'avance ce que
j'ai trouvé ensuite sur les deux dernières. Des pensées
si brillantes, étaient une preuve à me prévenir de
l'excellence de vos vendanges. Il faut que le monde
soit devenu étrangement malin pour avoir si mal parlé
de la dernière, pendant que vous lui donnez tant
d'éloges.

Moins le vin sera mousseux et étincelant aux yeux
de nos coquettes de table, et plus au contraire il aura
dans ces commencements-ci de ce qu'il vous plaît
appeler liqueur, et qu'en termes chimiques j'appellerai
plutôt de parties basalmiques, plus j'en ferai de cas.
Vous y ajoutez cependant, Monsieur, un nouveau prix
en offrant de me les réserver pour dans un an; et il
me manquera pour me consoler du retardement que
d'accepter votre autre offre par rapport à quelque

portion de ce qui vous reste de 1732. Je vous supplie seulement de me marquer la quantité dont vous pourrez m'en accomoder, sans vous en priver vous-même et le prix rendu à Charenton comme la dernière fois, aussi bien que le temps que vous croirez le plus à propos de le faire marcher.

Je vous parle de Charenton, parce que l'expérience m'a trop appris combien les bouteilles se conservent mieux dans mes merveilleuses caves de Meulan, que dans celles d'ici. Nous en fîmes encore hier au soir l'épreuve, en comparant un carafon qui arrivait ce jour même de cette cave de Meulan, avec une autre de celle de Paris. C'étaient deux goûts tout différents.

En vous écrivant un si long détail sur pareille matière, je me donnerais presque l'air, sinon d'un ivrogne, au moins d'un gourmet. Mais je me crois à l'abri des mauvaises pensées, que vous en pourriez avoir, ayant eu le plaisir de nous voir ensemble le verre à la main; que si je me suis émancipé, n'en accusez que la malice que vous avez eue de m'agacer en m'écrivant tant de joyeusetés; mais surtout soyez bien persuadé de l'estime et de la reconnaissance avec laquelle je suis, Monsieur, votre très humble et très obéissant serviteur.

Signé : l'abbé BIGNON.

A Paris, le 17 mars 1734.

Pour répondre, Monsieur, à la lettre que vous m'avez fait la grâce de m'écrire, le 11 du mois passé, j'attendais toujours que les deux gros paniers de bouteilles, dont vous m'y parliez, fussent arrivés à Charenton.

Mais comme j'ai appris hier, qu'ils n'y étaient pas encore, je ne puis m'empêcher de vous en informer, un si long retardement me paraissant tout à fait extraordinaire.

Je suis cette fois-ci plus empressé que jamais d'avoir votre vin, parce que jeudi dernier que j'étais à mon Isle-Belle, le Roy me fit l'honneur de m'y venir demander à souper. Je n'avais garde de m'attendre à pareille visite, qui ne me vint que parce que la chasse avait mené Sa Majesté jusqu'à la nuit auprès de Meulan. Vos bouteilles firent les honneurs du repas qui, au moyen de ce secours, a eu la bonté de se louer de ma réception, quoiqu'il m'eut surpris tout à fait à l'improviste ».

Signé : l'abbé BIGNON.

Avant de donner la réponse de Bertin du Rocheret, je vais ajouter au piquant de la lettre de l'abbé Bignon, par les détails plus étendus que Bertin du Rocheret obtint de M. Pierre Roger, d'Ay, secrétaire de M. Bignon, l'avocat général, neveu de M. l'abbé Bignon, ce en date du 20 mars 1734 :

. . . .

Vous avez écrit plusieurs fois à M. l'abbé Bignon, de cette année, et je ne sais si l'on ne m'a point dit que vous lui aviez envoyé du vin, en tout cas, j'appréhende fort qu'il ne lui en soit point resté par le hasard dont il faut, Monsieur et cher compatriote, vous rendre compte.

Comme ce célèbre doyen des Conseils était dans son Isle enchantée, le jeudi 11 du courant, il entendit, lorsqu'il y pensait le moins, sur les sept heures et demie du soir, un grand bruit sur la rivière et en même temps une voix insolente qui criait à toutes forces : « L'abbé Bignon, voilà le Roi qui vient te demander à souper. » L'abbé Bignon sortit de son cabinet et se rendit au bord de l'eau pour faire châtier ces impertinents. Le bâteau était prest à toucher à la rive de l'Isle et il arriva assez à temps pour donner la main au Roy (car c'était effectivement lui) et l'aider à descendre. S. M. était suivie de quatre seigneurs. Elle lui dit qu'effectivement elle venait lui demander à souper. L'abbé Bignon supplia le Roi de vouloir se reposer un peu dans le Salon et lui accorder quelques moments pour faire préparer le souper. Le Roy s'amusa à jouer avec sa compagnie jusqu'à près de neuf heures. L'abbé Bignon, vers ce temps-là, fut prendre les ordres de S. M. pour la faire servir. Il le conduisit à table, et il eut l'honneur, avec M. l'avocat-général, de le servir pendant tout le souper. Le Roy fut fort de bonne humeur et il eut la bonté de dire beaucoup de choses obligeantes à son hôte et à l'Avocat-Général. Il resta à table jusqu'à onze heures et demie et s'en alla coucher à Marly.

Vous jugez bien que les gardes et tous ceux qui étaient de la suite auront bu copieusement. C'est ce qui me fait croire que le vin de Champagne n'aura point été oublié. »

Voici la réponse de Berlin du Rocheret à l'abbé Bignon.

Epernay, du 22 mars.

Monsieur, ce n'est pas ma faute si vous n'avez pas reçu

les deux paniers qui sont partis depuis plus de trois
semaines. J'ai pièce justificative dans mon sac de la
fidélité de Billecurt, votre marinier. Il est vrai qu'elle
n'est pas tout à fait en bonne forme et que je ne la
produirais pas devant M. l'Administrateur-Général ;
mais les gens d'eau ne sont pas gens de palais, ils se
contentent d'une décharge, telle que l'incluse, dont le
seing a quelque ressemblance à celui de nos Rois de
la 2º race, car je ne présuppose pas que le Grand-
Maître de la Maison de M. de Lauzère ne sache pas
signer. Je pense au contraire que son Chirographe en
est plus authentique, puisqu'il est corroboré de l'attes-
tation de son chancelier suivant l'ancienne formule :
Signum Rotieni.

Et pour que les paniers soient exactement rendus, il
y a ajouté l'autre formule : *Data per manum* etc... Bon
pour la signature de M. Rotien. Or, quoique je ne
connaisse pas M. Rotien, j'en conçois pourtant une
assez haute idée pour me persuader que s'il a négligé
les formes prescrites par l'ordonnance de 1667, il
possède à fond l'histoire des Carlovingiens.

Votre bon cœur est ingénieux et favorise ceux que
vous honorez de votre estime, puisque vous voulez
faire venir jusqu'à moi la réverbération des rayons
qui vous environnent dans votre Isle enchantée. Je ne
m'aviserai pas, Monsieur, de vous féliciter d'un
honneur que vous vous procurez quand bon vous
semble et que le Roi aura soin de vous renouveler, dès
que mon vin a la fortune de vous plaire, car il l'aime le
bon Sire et le vin des mêmes vignes m'occasionna, il y
a quelques années, un pareil compliment de M. le

marquis de Simiane : mais je ne puis m'empêcher de
vous dire que j'ai cru devoir à ma reconnaissance une
joie au-delà de la secrète de celui qu'il vous a plu me
faire à ce sujet.

J'avais chez moi trois officiers aux gardes, dont l'un
de mes parents, les deux autres de mes amis qui,
suivant la maxime des Capucins, avaient amené à
souper chacun leur compagnon : nous buvions du
même vin lorsqu'on me rendit votre lettre. Est-ce une
indiscrétion de leur en avoir fait part ? Je vous avoue
Monsieur, que vos bonnes grâces me donnent une certaine élévation, dont je ne puis quelquefois me taire.
Laissez-moi cette liberté avec celles que vous me per-
mettez. D'ailleurs je tâcherai de n'en pas abuser.

L'écot de chasseur que le Roy vous a donné, m'a fait
regretter de n'être pas lieutenant-général de Meullan,
parce que j'aurais le bonheur d'être à vos ordres.
Depuis vingt ans, si feu M. l'évêque d'Evreux m'eut
laissé toper au double marché de femme et de charge
qu'on m'avait proposé, j'aurais été me ranger, la ser-
viette sous le bras, au nombre de vos officiers, ayant
jadis fait mon noviciat à Reims, chez M. le Cardinal de
Mailly, en qualité d'échanson auprès d'un certain
grand animal arctique qu'on appelait un czar, qui en
très peu de temps me donna beaucoup d'occupation.
Jugez par là de mon savoir faire et à quel point je
porterais l'ardeur de vous servir, soutenu du zèle le
plus respectueux avec lequel je suis...

Signé : Bertin du Rocheret.

N'est-ce pas que tout cela est fort piquant et d'un

excellent sel gaulois ou plutôt champenois ? Quel curieux rapprochement aussi la fin de cette lettre !

*_**

Déjà à cette époque, les gelées de la vigne étaient
une grosse préoccupation. Je n'en veux pour preuve
que le document ci-dessous de 1753 :

« A MM. les Présidents et Conseillers du Roy, au
baillage d'Epernay

Supplient humblement les habitants et communauté
d'Ay, disant que les vignes de leur terroir ont été
entièrement gelées à plusieurs reprises, depuis le
30 avril dernier, en sorte qu'il n'y a aucune espérance
de récolte et ont intérêt de constater cette perte, pour
pouvoir être soulagés dans leurs impositions.

Ce considéré, MM., il vous plaira ordonner qu'en
présence de l'un de vous, les dites vignes de leur
terroir seront vues et visitées par experts de vous
nommés d'office, pour en constater l'état actuel et la
perte causée par lesdites gelées. Et vous ferez bien.

Signé : JACQUES CORBET, BLANCHARD,
J.-B. BOILEAU, JEAN FRANÇOIS.

*_**

J'ai parlé plus haut de cadeaux de vin. En voici un
qui peut compter, comme on va le voir, par l'extrait
suivant du *Registre et Papier des Assemblées du Peuple
de la ville d'Epernay*. Il a encore un autre intérêt cet
extrait, c'est que c'est peut-être la première fois qu'on
voit apparaître dans un acte public le nom de Moët,

qui devenait si célèbre plus tard dans la cité sparna-
cienne :

« Assemblée Générale tenue par le Conseil le 24 mai
1540 en l'auditoire royal où sont Denis Rozier, lieutenant-général du baillage, Etienne Cousin, Maître des
Eaux et Forêts, procureur des habitants ;

Thibaut Bigot, Guillaume Michaut, Georges Maugé-
rard, Pierre Thomas, Échevins ;

Claude Debar, procureur du Roi ;

Pierre François, lieutenant-général du prévôt ; Ger-
vais, Nicolas Lasnier, Guillaume Liénart, Pierre
Graillet, Jacquemin Gervaise, Philippe Charnelle,
Claude Boyvin, Charles Oudart, Jean Debar, Jacques
Abéron, Jean Vincent, Philippe Hermant, Pierre Pupin,
Jérome *Moët*, Pierre Lelièvre, Guyon Fournier, Pierre
Aubelin, Poncelet Couvreur, Nicolas Robert, Robinet
Gogot, Gilles Gareau, Nicolas Leclerc, Pierre Pideux.

Et à ce appelés MM. Claude Dorigny, bailli dudit
Epernay, Claude Aubry, avocat du Roy, F. Debar,
Grenetier, N. Robillard, contrôleur, P. Debar, receveur, Pierre Pupin, élu, Guillaume Dupin, Jean Bigot,
receveur des décimes, Denis François, Gérard Caillet,
prévôt d'Epernay, P. Leclerc.

Comme les principaux de ladite ville et non compa-
rans à raison qu'ils étaient hors de la ville et pour ce
que est raison et nécessaire affaire de la venue de
Mgr le duc de Guise, seigneur usufruitier dudit Epernay
et pour la réception d'iceluy, dont il est nécessaire d'y
aviser promptement, ne s'est pu faire Assemblée Générale

A été conclu et advisé que l'on s'efforcera de recevoir mondit sieur de Guise le plus honorablement que faire se pourra et que l'on paiera pour les dépens de lui et son train et lui baillera-t-on pour présent la quantité de vingt poinçons de vin des meilleurs que l'on pourra trouver en vins qui sont à présent en caves, qui seront menés aux dépens de ladite ville où il lui plaira demander et si lui sera mené incontinent après les vendanges prochaines pareille quantité de 20 poinçons de vin desdites vendanges.

Et pour fournir aux frais de ce sera prins, par forme d'emprunt, dessus le Receveur des deniers communaux de la ville, la somme de 200 livres tournois jusqu'à ce qu'il en soit remboursé, laquelle somme sera mise en mains de Pierre Thomas, l'un des Echevins, qui fournira à ladite dépense et en rendra compte.

.*.*

Ici se terminent mes citations. Il ne me reste plus qu'à prendre une flûte remplie d'excellent Pierry mousseux, à l'élever benoîtement et amoureusement, et à boire à la prospérité des vignes de la Champagne, comme à la santé de ceux qui les possèdent ou les cultivent.

TROISIÈME PARTIE

UN SOUPER CHEZ LA MARQUISE DU CHATELET

EN SON CHATEAU DE CIREY (EN CHAMPAGNE),
QUI PERMIT A VOLTAIRE DE RÉPARER UN OUBLI
DANS SON POÈME : « Le Mondain »

I

Une Providence pour Voltaire fut bien la Marquise du Châtelet. Il avait déjà tâté de la Bastille jusqu'à deux fois, récolté un exil en Angleterre, et pour la troisième fois allait se voir appliquer l'une ou l'autre, lorsqu'il alla s'enfermer au château de Cirey.

Voici ce qui aurait pu lui attirer de telles foudres. Il venait de faire paraître ses *Lettres Philosophiques* où

les attaques pleuvaient contre la religion, le clergé et
le pouvoir. Il souleva dès lors bien des anathèmes
contre lui, et l'ordre fut donné de tous les côtés que
l'ouvrage soit brûlé par les mains du bourreau. Il
jugea prudent aussitôt de prendre la fuite et vint se
réfugier chez la marquise du Châtelet, avec laquelle il
était déjà en grande liaison depuis plusieurs années.
Est-ce le fait de s'être confiné dans cet obscur village,
qui n'avait de remarquable que le château de la marquise et où venaient mourir en apparence les bruits de
la ville et de la Cour ? Est-ce protection ? Toujours est-
il qu'on eut l'air d'ignorer sa présence à Cirey ?

J'ai dit que les bruits de la Cour et de la ville venaient y mourir en apparence. En apparence est le
mot, car en août 1739, de Paris et de Versailles étaient
venus en villégiature chez la marquise, d'élégants seigneurs et de non moins élégantes dames.

La marquise n'était pas le seul attrait ; il y avait surtout Voltaire qui représentait le fruit défendu, Voltaire
vers lequel allait la société légère de ce temps. Quand
je dis légère, j'entends qu'elle courait de gaité de cœur
vers ce volcan qui, un demi-siècle après, allait faire
éruption, jusqu'à l'engloutir sous ses laves. On jouait
avec le feu ; on trouvait original et point désagréable
qu'on minât le trône et l'autel et les vieilles institutions
monarchiques. Voltaire était l'enfant terrible de cette
démolition lente et graduée et, comme tous les enfants
qui aiment à briser leurs jouets, on y prenait goût.

La marquise du Châtelet, moins que personne,
n'avait échappé à cet engouement révolutionnaire
latent. La forte instruction qu'elle avait reçue, avait

prédisposé son esprit à l'observation, à l'examen, à l'analyse. Le latin, l'anglais et l'italien lui étaient familiers, ainsi que les sciences physiques et mathématiques, et les différentes écoles de philosophie l'attiraient. Elle écrivit même des ouvrages réputés, notamment une *Analyse de la Philosophie de Leibnitz* et une traduction des *Principes* de Newton. Les esprits les plus distingués de son temps la recherchaient beaucoup. Elle aussi se ressentait de cet Epicurisme que la Régence avait si bien mis à la mode et qui devait aller grandissant, déborder même, après que Louis XV eut prononcé le fameux : *après moi le déluge.*

En attendant, cette société du temps de Louis XV fut brillante, spirituelle, luxueuse, bon ton, très en beauté, et par là même fort séduisante. Elle fut toute aux fêtes et aux plaisirs faciles. Elle avait trouvé son Watteau et son Boucher pour la peindre, et le vin de Champagne, le *saute-bouchon*, comme on disait alors, pour ses festins.

Ce gai compagnon n'est-il pas toujours demeuré Régence et fleurant bon les succulentes choses de toute nature ?

II

Deux berlines de voyage venaient d'entrer dans le village de Cirey, en faisant grand bruit et en attirant sur le pas des portes les campagnards et campagnardes restés au logis.

Nul doute, se dirent-ils, que tout ce beau monde qu'on voit aux portières, ne se rende au château de

Madame la Marquise. Chacun de donner un tour de clef, de cacher celle-ci derrière un volet ou de la mettre sous la porte, pas assez loin pourtant pour qu'on ne puisse l'attirer à soi au retour, et de gagner l'avenue de vieux ormes du château. On entra bien même à moitié dans la cour d'honneur (la marquise était bonne et ne pratiquait pas une trop grande mise à distance). Le spectacle en valait la peine. Avec un joli froufroutement de soie, descendaient tour à tour des berlines de jolies femmes au sillon parfumé, Mme Geoffrin, Mme de Coigny, Mme de Vaudreuil et Mme Lenormand d'Etioles. Du côté des messieurs, c'était Moncrif, Bernis, Gentil Bernard, Voisenon, La Tour et le marquis de Sillery, tous gens d'esprit et bien informés de ce que nous appelerions les potins de la Cour.

On peut croire que les indigènes de Cirey écarquillaient de grands yeux devant ces jolis costumes du temps, que faisait encore mieux ressortir l'épée au côté, devant tant d'élégantes manières et tant d'aristocratique désinvolture ; mais, pour les dames surtout, c'était de l'émerveillement et quantité de chuchottements admiratifs.

Il y avait un grand Souper en l'honneur de Voltaire, qui allait quitter sa généreuse hôtesse, pour se rendre en Allemagne auprès de Frédéric II. Ses cinq ans de réclusion, enguirlandés de fleurs, chez la marquise du Châtelet, lui avaient valu un repos et une tranquillité qu'il sut mettre à profit. Ce fut là qu'il composa sa magnifique tragédie de *Mérope* et son plus magnifique encore *Siècle de Louis XIV* ; c'est là aussi, hélas ! qu'il écrivit son poème infamant : *La Pucelle d'Orléans.*

Avant de passer à table, si nous visitions le château où la remarquable femme avait su réunir quantité de trésors artistiques.

Quant à l'extérieur du château, il était simple d'aspect ; mais il donnait sur un admirable parc où l'on n'avait pas trop taillé le bois ni tiré trop les allées au cordeau ; on lui avait conservé le plus possible l'aspect de nature. Mais entrons, avec ces dames et ces messieurs, dans les appartements de cette demeure hospitalière.

Quel enchantement des yeux ! Ces *Grâces* de Boucher (on sait qu'il les a multipliées) sont bien faites pour séduire. Bernis, le poète des joliesses, n'avait pas manqué de s'écrier, en apercevant Cupidon enchaîné par ces mêmes Grâces :

> Il n'est jamais pour nous, mortels,
> Des flammes ni des amours lasses,
> Quand nous ceignent des filets tels
> Que ceux de ces troublantes Grâces.

Sur une exquise console, on voyait une admirable *Hébé* de Guillaume Coustou, qui inspira ces autres vers à l'abbé de Voisenon :

> Ses formes causent plus d'ivresse,
> Rien qu'en les regardant,
> Que les coupes aux jours de liesse,
> Coup sur coup les vidant.

Quelle jolie composition de Carle Vanloo ! Rien de suggestif et plein de délicieux coloris, comme cet Amour courant vers le fond d'un bois, tandis qu'un berger et une jeune paysanne, dont il entoure la taille, le considèrent tout rêveurs.

Moncrif, dont le genre poétique était surtout tourné du côté de la romance, ne put s'empêcher non plus de dire sa pensée, en un quatrain élégiaque :

> Jouvenceaux, vers les bois profonds,
> L'Amour vous guide et vous entraine ;
> La brise qui souffle des monts
> N'est pas plus douce pour la plaine.

La marquise du Châtelet, fière à juste litre de son *home*, ne manqua pas de recueillir ces quatrains.

Toutefois, l'artiste qui avait sa prédilection était La Tour, et l'on pouvait en compter une douzaine chez elle des portraits de ses amis, le sien, des études, chatoyantes têtes de femmes, d'une fraîcheur de coloris inimitable, d'une vie, d'une vérité qu'on ne saurait mieux traduire. Alors la poussière du pastel, si génialement fixée sur le papier, n'avait pas encore eu le temps de pâlir, elle avait tout cet éclat qui valut au pastelliste tant d'admiration de la part de ses contemporains. En plus, La Tour était pour la marquise un fidèle ami. Elle goûtait beaucoup ses belles manières et sa conversation. Ses hôtes aimaient à l'entendre, tandis que devant chaque œuvre du Maître elle en disait sa chaleureuse appréciation. Certes, elle savait causer art.

Soudain, se tournant vers Gentil Bernard : — Serez-vous le seul de tous les poètes que j'ai l'honneur et le plaisir de réunir chez moi aujourd'hui, à ne pas consacrer un quatrain à nos célébrités artistiques ?

— C'est vrai, je m'en voudrais même de ne le pas faire, et puisque vous m'en priez si gentiment, je vais dire mon fait à notre ami La Tour :

> Vos femmes sont faites au tour
> Et sont autant de jolies reines,
> Superbe et triomphant La Tour,
> Pour leurs sujets, qu'on sent humaines.

A ce moment, on venait avertir Mme du Châtelet que le dîner était servi.

— Mon cher Voltaire, dit-elle, offrez donc votre bras à Mme Le Normand. C'est la première fois qu'elle me visite ici, vous serez pour elle, j'en suis certaine, un parfait chevalier servant. Moi, je prends le bras de M. de Sillery.

III

Les plaisirs de la table n'offrirent jamais plus beau tableau. Cristaux, argenterie massive, fleurs à profusion, surtouts artistiques garnis des plus jolis fruits, bouteilles aux flancs rebondis ou aux cols fuselés, qui prenaient le frais dans des rafraîchissoirs de cuivre, enjolivés d'ornements, d'arabesques, de fleurs, de fruits, d'animaux, de personnages, d'écussons, repoussés en relief au marteau ; ces rafraîchissoirs sortaient de chez Gauché, chaudronnier des Menus-Plaisirs du Roi. L'assistance, elle, était très *select*, dirait-on de nos jours.

Nous ne parlerons pas des mets succulents qui formèrent les plats de résistance, pour assister de suite

aux joyeuses, spirituelles, sinon malicieuses, conversations du dessert. Ah! les sujets ne manquaient pas
ni la verve non plus, aiguisée par les vins les plus généreux, étrangers et français, et notamment le vin à la
mode, le vin de Champagne, devenu plus que jamais
le *saute-bouchon* (on le désignait ainsi alors) au point
qu'on n'en voulait plus d'autre pour le brillant cou-
ronnement d'un festin.

— Voyons, Moncrif, dit Voltaire, vous devez avoir à
nous rapporter des nouvelles de la Cour, et même des
plus piquantes, si vous nous confirmez les bruits venus jusqu'à Cirey. Le lecteur attitré de notre chère
Reine, Mar^ czinska, n'a même pas dû avoir besoin
d'écouter derrièr les portes.

— Voulez-vous dire que la Reine est trop pieuse
pour le Roi et trop détachée des choses de ce monde?
Cela n'est que trop vrai, et s'il m'était permis de donner un conseil à ma noble maîtresse, je l'engagerais à
être davantage l'épouse de son mari et un peu moins
celle de Dieu... Le Roi y trouve à redire et demande
de plus en plus aux passions humaines, hors la cham-
bre nuptiale.

En cet instant, un observateur eut vu étinceler les
yeux de Mme Le Normand d'Etioles.

— Et, chose digne de remarque, c'est toujours la même
famille qui fournit à tour de rôle aux amours royales,
j'ai nommé mesdemoiselles de Mailly. On en rit beaucoup à Versailles, bien que sous le manteau de la
cheminée.

Après la comtesse de Mailly, ça été la duchesse de
Vintimille, puis la duchesse de Lauraguais. Aujourd'hui

c'est la marquise de la Tournelle (1). Par exemple, avec celle-ci, qui en plus d'une grande beauté est douée d'une grande habileté et d'un grand esprit, on doit croire à une longue durée. On la voit déjà favorite en titre et les courtisans forment déjà légion autour d'elle.

Toujours très attentivement Mme Le Normand écoutait et son voisin aurait peut-être pu l'entendre murmurer : « J'espère bien qu'un jour cette favorite ce sera moi. »

— Oh! oh! venait de reprendre La Tour, la devise de la famille est joliment en train de se justifier : *Hogne qui voudra.* (Telle était la devise qui couronnait les armes aux trois maillets des Mailly et qu'on voyait inscrite sur les portes de leurs châteaux). On ne manque pas du reste de s'en gausser en Picardie où est leur berceau et leur château familial.

— Ce n'est pas tout, continua Moncrif, la duchesse de Lauraguais s'est assez bien consolée de son abandon et semble s'être dit : un amant de perdu, un de retrouvé, d'où elle s'est attiré ce quatrain qui court les ruelles :

D'un amant qui vous vient vous aimez les approches,
D'un autre qui s'en va, les cris et les reproches :
La nouveauté vous plaît, il ne se passe jour
Que vous ne fassiez naître ou mourir quelque amour.

— M. de Moncrif, déclara Mme Le Normand d'Etiolles,

(1) Celle qui devait devenir plus tard la fameuse duchesse de Châteauroux.

né chargez-vous pas un peu trop ces dames, par amour de votre bienfaitrice ? N'est pas Reine de la main gauche qui veut et c'est un rôle que beaucoup de femmes de notre monde trouveraient enviable.

Tout le monde se regarda.

— Y compris vous-même, adorable Madame, répond l'abbé de Bernis, en se penchant à son oreille.

— Qui sait ? M. de Bernis.

M. de Bernis se tournant vers son voisin, l'abbé de Voisenon : Vous m'en croirez si vous voulez, mais voilà une amitié que je vais cultiver... elle me semble appelée à me profiter dans l'avenir...

Mme du Châtelet venait de donner des ordres et l'on vit poser d'autres bouteilles dans les rafraîchissoirs.

— Une consultation de gourmets, dit-elle. J'ai fait planter, il y a huit ans, une vigne à la suite de mon potager; on la cultive de la même façon que dans la montagne de Reims, on a arrangé le vin tel qu'on le fait à Aï ou à Sillery et j'ai la conviction que je vais vous faire boire aussi fameux et faire tomber votre prétention qu'il n'y a, en fait de vrai vin de Champagne, que celui que vous appelez de Montagne ou de Rivière; Montagne pour Verzenay, Sillery, Saint-Thierry, Mailly, Rilly et quelques autres; Rivière pour Hautvillers, Aï, Epernay, Cumières et Pierry. Vous dites que le vin qu'on appelle de Rivière est plus blanc que celui de Montagne; que les vins de Rivière enfin sont plus gracieux, plus entrants et plus prêts à boire que les autres; mais que les seconds, en revanche, se soutiennent mieux que les premiers.

Est-ce que vous croyez, Messieurs les Champenois de

ces fortunés crus, avoir créé autour d'eux une frontière infranchissable et un monopole immuable ? Est-ce que vous croyez que le vin que j'ai fait venir ici n'est pas aussi du vin de Champagne, digne de rivaliser avec ceux de votre région fermée en vins de Rivière et en vins de Montagne. Voici le moment venu. Appréciez et prononcez sincèrement.

Et comme je n'entends pas fuir les comparaisons, c'est-à-dire les jugements contradictoires, aussitôt après, je vous ferai boire de l'Aï et du Sillery, dont M. le marquis du même nom me fit cadeau pour mes étrennes.

La marquise s'adressait non seulement à des amis de la bonne chère, mais aussi à de réels gourmets.

Cet aréopage d'un nouveau genre constitué, chacun prit le sérieux que comportait le cas, même les dames.

On venait de verser...

— Mais c'est loin d'être désagréable, avait-on prononcé à peu près en chœur.

— Au tour maintenant de l'Aï de M. le marquis de Sillery, se prit à dire malicieusement Voltaire.

Cette fois des sourires enchanteurs accompagnèrent la dégustation et les langues claquèrent gourmandes contre le palais.

— Marquise, s'écrièrent les Messieurs, avouez-vous vaincue avec votre vin de Cirey. Nous avons dans l'Aï de la force, de la finesse, du bouquet, qui en font bien un vin inimitable. Comme c'est délicat de goût, velouté, moelleux, parfumé, léger, pétillant et généreux tout à la fois !

— Pour moi, dit Mme de Coigny, j'avoue que ce

Champagne mousseux d'Aï est tout simplement exquis,

Et Voltaire, — Qu'en conclurai-je, qu'il mérite largement d'avoir sa place dans mon poème : *Le Mondain* déjà ébauché et où j'allais, — que Bacchus et son cortège de Bacchantes me le pardonnent, — oublier de lui faire une place d'honneur ! Qu'en conclurai-je enfin, que chez mon aimable hotesse,

> Cloris, Æglé me versent de leur main,
> D'un vin d'Aï, dont la mousse pressée,
> De la bouteille avec force élancée,
> Comme un éclair fait voler son bouchon.
> Il part, on rit, il frappe le plafond.
> De ce vin frais l'écume pétillante,
> De nos Français est l'image brillante.

C'est vous dire encore, ô vous qui avez si aimablement répondu à cette invitation d'un souper d'adieux en mon honneur, combien mon existence fut enviable pendant ces cinq années de retraite au château de Cirey ! J'ai été choyé par ma noble amie ; ses encouragements et ses précieux conseils m'ont soutenu et guidé pour l'exécution de travaux littéraires importants. Aussi, si jamais mes œuvres passent à la postérité, Mme du Chatelet pourra en prendre sa part.

Je suis heureux en un mot de lui en témoigner, en votre présence, ma profonde reconnaissance.

— M. de Voltaire, ajoute Mme Le Normand d'Etioles, vous parliez tout à l'heure de passer à la postérité, quelque chose en moi me dit que je vous y aiderai quelque jour:

— J'en accepte l'augure, chère Madame ; mais auriez-vous le don de la prophétie ?

— Peut-être ?

A quoi veut-elle donc en venir, se pensèrent ces dames.

Elles ne se doutaient pas combien le cerveau de la future marquise de Pompadour venait de travailler pendant les diverses conversations de ce souper, car ce n'est pas elle qui désapprouvait, tout en l'enviant, la marquise de la Tournelle, laquelle allait devenir la fameuse duchesse de Châteauroux et tant compter aussi dans l'histoire amoureuse de Louis XV.

Très versée dans le monde où elle s'était déjà fait nombre d'amis et d'adorateurs, elle était en train d'escompter dans l'avenir sa part d'influence. On sait qu'elle y réussit et à gros intérêts.

Le souper finit avec du Sillery et quelqu'un qui repartit enchanté fut le marquis de ce nom, qui se dit que les vins de Rivière et de Montagne n'avaient pas perdu de terrain, bien au contraire.

Lui aussi escomptait l'avenir dans un autre sens, comprenant que la hausse de ses revenus seigneuriaux en résulterait.

C'est pourquoi il bénissait au fond de son cœur la marquise du Châtelet et Voltaire.

TABLE DES MATIÈRES

——•○•——

Achevé d'imprimer
le quatre mai mil huit cent quatre-vingt-dix-sept
PAR
ÉMILE PIVOTEAU
IMPRIMEUR
de LA CRITIQUE
à SAINT-AMAND (Cher)

www.ingramcontent.com/pod-product-compliance
Lightning Source LLC
Chambersburg PA
CBHW071519200326
41519CB00019B/5993